SUDOKU

9X9 PUZZLES

420

VOLUME 1

I0432720

Easy
Medium
Hard
Super Hard

KIBOKO

Sudoku Puzzles:
420 Sudoku Puzzles 9x9
(Easy, Medium, Hard, Super Hard), Volume 1

Series: Sudoku Puzzles 9x9

ISBN-13: 978-1986650816

ISBN-10: 1986650812

TABLE OF CONTENTS

How To Play Sudoku

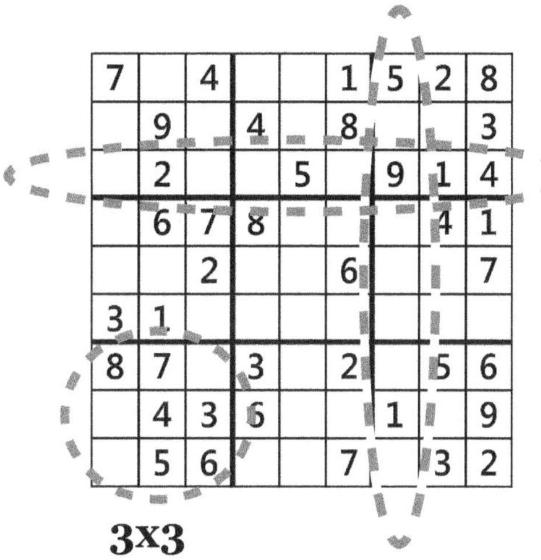

In each Sudoku puzzle, several numbers are already present on the board. These numbers cannot be changed.

The puzzle solvers job is to use logic to fill in the remainder of the grid using the digits 1 thru 9 by following three simple rules:

1. Each <u>row</u> of the puzzle must contain each digit exactly only once.

2.Each <u>column</u> of the puzzle must contain each digit exactly once.

3. Each <u>3x3 sub-grid</u> of the puzzle must contain each digit exactly once.

These are the only rules in Sudoku.

Though Sudoku is very simple game, it is tremendous at exercising the brain, helping to keep the cognitive functions healthy.

The Sudokus in this book are divided into 4 levels of increasing level of difficulty.

1 Easy

	2	6		4				8
3	8	1	9	2	7	5	4	
4	5		6	3			1	2
	7	2		6	4		5	9
					5		7	
	1	9		7			6	4
				1				5
		4	2		9			
7			4				2	3

2 Easy

5		7	3		8		2	
1			9			6		5
2		8			4		3	
		4		9			5	7
8	7		2			1	4	6
3						2		8
9		2		5			7	3
				8	9	5		
	5	1	7	2	3			9

3 Easy

	2	9	7				8	5
	4		8	6				7
7	5		2	4	9	3		1
9	1	2				7	3	
		7	1		2			6
			3	7		9		
8	7		9		4		5	3
5				1		8	2	9
		6	5					

4 Easy

	5	2	3	4			6	7
	3	9		6	7		8	
1	6	7			8	3		
		1	8			2		6
6	2				4	8		
							7	9
	1	4	7	5		6		8
5		3		8			1	2
9		6				7		3

5 Easy

	7	6	9	1				
	9	4		2	8			6
		1			7		8	9
	8		7		2	6		
7				6	9	2	5	8
1	6			4	5	3		7
		7	4	8		9		5
					6		7	2
			2		1		3	4

6 Easy

7		4	2		3		8	9
			9	8	7	1		
	2			4	5			
2	7	5		9			6	
	6		5		8	9		7
	8	9	7				4	5
				5	2	4		1
6		2				7	5	8
	3	1		7	4	6		

7 Easy

	2		8	7	6			4
					1			7
9		7		3	4	6	5	
		9		2			7	
		2	9			8	4	
7	8	5	6				9	
	9	8	3		5	7	2	
3	5		7		2	4	8	
	7	1		8	9	5		

8 Easy

2	5	4		6			9	7
	1	7		2	5	3	6	4
			7	9	4	2		
1			4		2		8	9
8	2				7		5	
		9	6			1		3
		2	5					8
4		1	3					2
5	3		2					

9 Easy

	8	3	6				2	
		1		8			6	9
6		5		2	9	3		4
	5				6		7	2
4		2			8	6	9	
		6			2		3	
8	3	4				2	1	6
5	6	9	2	3		7	4	
			8	6	4			

10 Easy

		5	2	7	8	9		
8	6		5	4			2	
		2		6	3		8	
	5		8	9	6			7
	9			5	2	1	4	8
7			3		4		9	
2			4	8	5	6	1	
9				3			5	
	8							4

11 Easy

9			6			7	5	
6	5	1		4	9		8	
7	4			5		6	1	
5	1	2				9		
3			5	1		8		6
		4				5	3	1
		5		9		4	7	
4	7		3		5		9	
1	8			2		3		

12 Easy

2		1	3		9			
3	8						9	1
	4		8	5	1		7	
6	1	2	4	8		9	3	
8			5	1	3	2		7
	3	7				4		8
7		3				1		
	6			3		7	4	9
4	5		1		6			

13 Easy

2				1	7	6	5	9
			6			7		2
			4	5	2	3		
1	2	6	3			5		
		5			6	8		
8	7			4		1		
	9	7	2		1		6	5
		2	5	6		9		
6		1	7		4			8

14 Easy

								2
1		4		8	2		6	
			3	6	5			1
				2		1		8
	1	6	8					9
2	9	8	1		4		5	3
3	6			9		8		4
9	8		2		6		3	7
7	4		5	3		9	1	

15 Easy

8				4	5	9		3
		7					4	8
	2		3	8		1	7	6
	5	9				7	8	
		1			7	6	9	
2		4		9	6		5	1
		2	5	7		4	3	9
	4			6				7
				2	1			5

16 Easy

	5		1	3				4
				7	6	5	9	
	4	1		2	8		3	7
	7			6	1	3	4	
3	2	4			7	1	5	
1				5	4	2	7	8
	1			4		7	6	5
				1		4	8	
	3	7			5	9		2

17 Easy

5		2		1	7		4	6
	4	8				1	5	
	7	6	4				3	
7	8		3	6				
3	2	4	1	7		5		
	5	1	8		2	3		
		5		2	4			
4	9	7		8			1	
		3	5	9				

18 Easy

			3	8	7	6	5	
	8		4					9
		2	5	1	9		8	
6	1	4	8		5		2	
8	7		2	4				
		3			1		4	
5				6		7		1
9	4			3		8	6	
1		6	7		8	2	9	4

19 Easy

5			8	7	6			
6	8	4	1	9	3	2		
1	9		4		5			
		6	9		2		3	5
8								6
2	5		6	3	7			4
		1				6		2
		8	2	1		5	4	
	2			6		8	7	

20 Easy

6				1	4			
	5		9	6		1	7	
2		1	3		7			4
	9			8			2	3
1					5	8		9
5	6	8		9	3	7		
						9	8	
9		5	1	7	8	2		
8		6		2	9	4	1	7

21 Easy

	4	1	9		6		7	2
7	6		5		2	3		8
8					7	9	6	
4	3		6		9	1		7
			7			2	3	
5		7	8			4		6
2	7				1			
			2		8	6		1
1		4		6				9

22 Easy

		2				8		9
3		6			9	5		
9	7	8					2	3
1	5	3						
2	8	9				7		6
7	6	4	2	8	3			5
4	2		9		6		5	
	9			1			4	2
8	3	1		4		6	9	

23 Easy

8	4	7	5	1	2			6
5	6				4		2	
			6		7	1		4
6						9		7
9		5	7	3	8			
	3				1	2	8	5
	7		8		3	6		
3				7	9		1	
	5		1	2			7	3

24 Easy

7		2	6	5		4		3
9	8	3	7			6	5	
	6				9		7	
2	4			1			3	
3		6			4	5		
1		5	2	7		8	4	6
		9			2			
				8	5		1	
4			9		7	3		5

25 Easy

			2	3		4	1	8
	4		5		8	7	9	
7	1						5	
1	9	4	7	8	5	3		
				2				5
		7	3		6	8	4	
	7	1	9	5	3	6	2	
		6						
5	2			6	4	1		

26 Easy

6			5	8				3
8				1		6	2	
	9	1	6	2				4
					9		3	
	6	4	3		2	8	9	1
9						7		2
	5		4	6	1		7	9
3	7			9	8			
4	1	9				2	6	8

27 Easy

6	3	9	4	2			5	7
2	8		1		9	3		6
4	5			6				9
	2		6		4		1	5
9		4		1	5			
	1	5				6	2	
				4			3	
		6		3		7		2
8			5		2		6	

28 Easy

5	9				8	2	3	
4	8					9		7
7		3		9	4	5		8
3	2	7	1	5			8	
			8		7	6	2	
	1					3		
	3		5		1		4	
6	7	4		8			5	
1		8					9	2

29 Easy

	2	8	9		4	7		
5		7		1				9
					3	2	5	
		4	3	6	8			7
	6				7	1	2	4
7		9	4		1			8
3			8	4	5			1
				3		4		5
4	9			7		3	8	

30 Easy

2	9			7				1
3					5	9		
7	5			6	2		4	8
8			4		9		5	6
		5	6	1	8	4	3	
6		2	5					
1		9	2	8		6		5
		7		9		1		4
		6		5			9	3

31 Easy

		5	9				2	1
	3	1		6	4		7	5
9	7	4		5			8	
			2				4	
			3	4	6		9	7
3		2	7		5		1	
			5	3	9	8	6	
8		6		2			3	
			6		7		5	2

32 Easy

				2	3			6
2			4			3	7	1
6								2
3		6		7		2	8	9
9		4	6		8	7	1	
1	7	8	9			4		5
	6			4	5	1		8
		2	8	9	1	6		
8	3		2	6				

33 Easy

	3		7			4		
		7		4	3		6	9
1	8	4			9			7
	1	5	6				7	3
			9	7			1	
7	2	6		3			4	8
3	6				8			
4	9				7	6		1
5	7		1			8	3	

34 Easy

9		1	3					
3		4	6	1			8	9
8	5		9	2			1	3
				4	6	2	9	7
1			5	7	3		4	6
			2					
2		9	8		5	3	7	1
7		5			1		2	
		8				9		

35 Easy

7	6		1	8		9	4	
	3	9				2		1
1		5						8
		3		4	1		5	2
			5	2	6	4		7
5		4		7		1	9	
			8	9	5			4
4			6	3		7		9
2		6	4					

36 Easy

	1		4	6	2			8
	6	4			9	3	7	
5		9			1	2		
	2	5			8	7		
		1	5	7		8	2	
		7	9		4	6		5
	5	8			7			
	4		6	9			8	
9		6	1			4	5	2

37 Easy

6		1		8	4		7	9
2	3		9	5				
	8	9	1					
5	1	4		6			3	
	6		7			1		8
	2		3	9	1	5		4
				2	9			
		2	4	1		6		5
		5	6	7	3		4	

38 Easy

	8	1	6		4			
9	3	6			8		4	
4				9	3	8	6	1
		7		4		9	8	3
3	2		8		9			
		8			1	4	7	
8		5				1		4
	6		4	3				8
	4	3					9	5

39 Easy

1		5		4			7	8
2		7	5			9		4
4	3		7	2	8		6	
	4	8			2			3
9					5			
5	1		4	7	3			2
	5	4		9		3	2	1
	9		6		1	4	5	
		1	2					9

40 Easy

1	2	5	9	8			6	3
		6	2	3		9		5
					6			
2	5		1	9			7	4
	1	4	6			3		
8	6	7		4	2			
		8		1		2		
4	3		8				9	1
5		1	4	2	9		3	

41 Easy

			3	6	5	9		
	6	1	7		9	4	3	
3	9		4	1				
	8	4	2		3			6
7	2			4			5	
6	5		1					
9	7	2		3			8	
			5		2	3		
5		6			4	1	2	7

42 Easy

6				2		8	7	
3		5	4				2	
2	9	7				4		
4	5			3	1	2		7
8				5		3	1	
	7	3	2				9	5
			3	7	8	5		1
						7		8
7			6	4	5	9	3	

43 Easy

8	2	3	4	1	6	9	7	5
6			8	3			1	4
		1	5					
2	3				9		6	
	8	6		4	3	7	5	2
5	1							
	9	5	2		1	8		
4			3				9	1
1				7			2	

44 Easy

	9		8			7	1	
	6	8		2	4	9		5
	4	5		1			8	6
3	5	2	4	9		6		
9				6		8	4	
	8					3		
8		9	1	4		5	6	3
5				8	2			7
		7			5	4		

45 Easy

8	7	2	4	5	3		6	9
4	5				1	8	3	
					2		7	
				2		9		
	2			3		7		
6	8			4	7	2	5	
	4	7			9		2	
		6	7		5	3		
5	3	8	2		4			7

46 Easy

9	3	8	7			2		6
	7		1		9	3	8	4
4	6			8			5	9
3			5	4		1		7
5						9		
	1	4					2	3
7						4	3	5
8		2	4	3		6	9	
	4					8		2

47 Easy

9		4	2			3		5
	6	8	7	5			4	2
2				3				
				9	8		2	
5		6	3	4			1	
1	8	2	6			4		3
	4	9	5	8	7	2	3	
		3	9					
8	2	5		1				9

48 Easy

4	8	2		5	3		9	6
		9		4	6			
						8		
	9				8	5	1	7
1	6		5				8	
7	5	8		9		6	3	4
		1	9			7		8
9	3	7			5	4	2	1
		6		1				9

49 Easy

		1	5	6		7		
6				1		2		5
8	5				2	3		1
3				5			7	4
7		6	1					
	4		3			6		8
	1	7	8	3				2
2	3	8		4		9	1	6
	6	4	2					7

50 Easy

	7		3		1	5		
		8				9		3
4			5		8	6	1	
			8	3		4	5	
5		4	1	7	9	8	6	
	6		4		5	7	3	1
		7	6	8		1	9	
			7					6
6		5		1	2	3	7	

51 Easy

2	5			4	1	6	7	8
1					2	9	3	
		3	5		6			1
4		7		3	8			2
	9							
	3	2	1		7		8	
	1	4	2	8				6
	2		7		3	1	9	4
	7		6					3

52 Easy

	3	5	7	1				4
2	1			3	4		9	6
		8	6		2	1	7	3
	9			8		4	2	1
	6						5	9
4		2		9		3	6	
3						6	4	5
			9		5	8		2
5		6		4				

53 Easy

5	6		1		7			
8				3				
	2	1		6	8	3		
3		2	8	1		6		
9		6	7	4		5		
			3	5	6	2		8
6	3	8			4	1	2	
2			6		3		4	
4		7	5	2				3

54 Easy

	6			9				7
9	3			7	8			2
	7	1	6	5		4		9
				4		6	7	8
	4	6		2				3
1			3		7			
4				8		3		6
6	8	3		1	9			5
5	2				6		4	1

55 Easy

1		8		6	7	3		
				8			2	
	5		2	4	1			7
	4		3	7	9		6	5
2	6	5	4		8	7	3	
		3	6	5	2	1		
		4		3		9		2
7	3	9		2		4	8	
	8							

56 Easy

	6					7	4	
1		2				6		
4	7	9	5	6				2
2	4			9		5	6	
	9	5		3	6		7	
6	3	1	4			9		
7		8		5	4	2		9
3	5		8			4		
9	2		3	1		8		

57 Easy

2	4			5	7			1
		1	4	9	8	2		
9				1			7	
5				8	2	7		
1	8	7				5	6	
	6				1		3	
7		4	8	6				5
	2			3		1	9	8
	3	9			5	6		7

58 Easy

3			9	4		2	8	
	8		7			4		3
4	5	9	8		3	6	7	1
6	3				9		2	
9	1		2	5		3		6
	4	2	6					
8		6	1		4		3	
	2	4		9	6		1	7
1						9		

59 Easy

	7	2		3				6
			6			2		
			2	9		1	5	3
		3		6	9		2	5
				2			9	1
9		1	7	5				4
		4	9	1				8
	1		5		4	3	6	2
	5	6		7	2	4	1	9

60 Easy

				5	7	1	2	
7		4	6	1	3			
8		1					6	3
	1			3	6			9
	6		2	4				1
5			1	7	8	6		2
			9	6			1	
9	7		3	8	1		4	
	3	6	7				8	5

61 Easy

	9		2	6	8			4
7	2	4	5		1			8
6	8		4		7	2	3	
8	3	2	9		4			
5	7				2			
1	4				3	8		7
						1		5
4		3	7	2	5			
9	5		8					

62 Easy

9		4						
	3	8	1	5	6	4	9	
1					3		7	8
6	8	1		4	5	7		
	5				1	8		4
	4	7			2			1
8			5	2	9		4	
4	9	2	7		8			6
5		3		1				

63 Easy

1					7		8	9
				9		7		
7		4	2	8				1
4	8	9		1	2	6	5	
	2	3		5			7	4
5			3		4	9		
		5	9		6	8	1	
		7				5	9	
9		2	5	7	8	4		

64 Easy

2	7	5					8	
	3				7	5	2	
8					3		9	
		8	7			4		1
7	5		2			9		8
4		3		8	5	6	7	2
	4		3		8	7		
3	9	1	6		2			
		7	4	5			1	3

65 Easy

			3				7	
7	5					3	4	1
9	1		7			2	6	
6	3	4		7		1	5	9
	9		5			7	2	4
		2				8		6
2		7		8				3
1	6			5		4		7
3						6	9	2

66 Easy

		5		8				
		1	9	4		8	5	
		7	5	1	2	3	6	
		3		2	9		7	
5			7		1	2	9	
		2	4	5		1		3
4			2	9	5	6		
				7	8	9	1	
		9		6	4	5		8

67 Easy

9			3	2	5		4	
3		4			9			2
2	6	5		1	4	9	7	
		1			6		2	5
		6		5			8	
7				4			9	
		7	9			2		8
		3		8				9
6	8	9	5		2	7		4

68 Easy

5	3	9		7				
	2	6	8	3	5	9	1	
1		4	2	6		3	7	
6				2	4	8	5	
4	5		7		8	2		6
2	9			5			4	
	6	1						7
9	7				6			2
3		2						

69 Easy

			9	4				2
2		5		1		7		
8	4	6	2	5				
9	8					6		5
4	7	3		9				1
		2		3		4	7	
3	6	8	7	2			1	4
7	2	9		8	4	3		
5			3			2		

70 Easy

	9	1	8			3	2	
2		3	4			1		
	7							4
		9	7	5		4	8	6
7				1		2	3	9
	4	2			8			
		4	1	9	7			
8	2		5				7	
9	1		2	8		5	4	3

71 Easy

4	7	2	8	1	5			3
3				9		1		2
			3				7	
	4			8	7		3	
	2	3		4		7	1	8
5	8							9
2	6					3	4	
7	9	4	1	2				6
	3	8	4			9	2	7

72 Easy

5				8	1	9	4	3
6		4	3		5	1	7	
3		8		7	9			
			9		8			
8		6				3		9
			2	5		8		
9	7	3	1			2	8	5
4	6	5	8		2			
2	8			9		4	3	

73 Easy

	1	5			2	6	4	8
	3		8		6	1	7	5
	8	6	7	5		3		
				3				
3					7		6	2
5	6		4				3	1
1						7	9	
9	7		1		3		8	
			9	7	4	2	1	3

74 Easy

			2	9	7	5		8
2			1		8		3	9
8	7			5	6		1	4
	2	5	9	3	4			7
9				8	5			
		8	6	2		9	4	
	8		5	7	3			2
5			8			1		
	9					8		6

75 Easy

4	1	7			9		3	8
	9	5	2			1		
			4			9	6	5
		2	3			4		
1		6				3		9
8		3	5			7		6
7	3	9						2
	6	4	1		5		9	3
			9	2	3			4

76 Easy

	8		5	1		4		3
3	2	5	9		6		7	1
	9	4	3	8	7		5	
4						7		8
	1	2		7	4			
7	3		2	6				9
	6				8		1	
	7			5	9	2		
	4		7	3			8	

77 Easy

8		3			7		5	1
	9				5	3	8	2
	1	2	6					9
3	7	1	9	5		2	6	
		9	4	1	6		7	3
					2	9	1	
1		5	8			4	3	
6			5		4			
	8			3		5	2	

78 Easy

		8		7	3			2
9	2		8	1	6		7	
4	7	3		5		8	1	
	3	2	7					8
					1	2		
	4	6					3	
2		4		3	7	5		
3	5		1	4		6	2	
7	6				5			4

79 Easy

6	2	1	5			3	8	7
4	9	8		1	7	2	5	
		5		2			9	
7	4		6			5	1	
5	6		4	8	1			
8		9		7		4		3
	5				2			
1				5				2
		4			3	9		

80 Easy

5			6		2		1	8
	3		8					5
	1	8				6		7
4	5		2	8			3	6
	9	3				5	8	
8	2	7		6	3		9	
	4	2		7				1
1		5		2	8			
					4	2	6	3

81 Easy

6			8					4
2		4	6		1			
	5		4	2		1	6	
1	4	9		7		8		5
3	2	5				6		1
	8	6	3		5			9
	6	2	5	8				
	9		1		4	3		
	3	1		9	2	4	5	

82 Easy

	7		4	2			8	
2			9			6		4
1	9	4			5		3	7
6	5	1	7	3	8			2
								3
					4		7	1
	3	2	5	1			9	
	6	5				3	1	8
4			3	8		7	2	

83 Easy

	7		9				4	
		5			3	7	9	
3				7	4	5		1
6		7		9			8	2
	1		3	2	8			
			6	4		3	1	
5	8		7		6		2	4
	6		4		2	8		
	4	3	8	5	9		7	6

84 Easy

	5		8			1	9	
	6	1		9		7	5	
		7				6	2	
4	7		6		9		3	1
3	9	5		8			7	
		2					8	9
	2	4			8			7
1			9	7	5	8	4	2
	8	9		4	6	3		

85 Easy

		8	6			1	9	
	9							7
6	7		1		5			2
		7	9	2				
4	2	1	8	5		9		6
		5	4			8	2	1
	1				8	3	6	
3		6	2	1		7		
7		4		3		2		9

86 Easy

8	4	9			6		1	5
	5	3	2					
	1	7	5	4	8			9
7				8				6
	3		9		5			
		6		7			8	3
9		2	8		4	6		1
3		1		2		9		
4	6		1	9	3	7	2	

87 Easy

1	5		7			3	8	4
7			5			2		
	6	3						5
	3	7		2			5	
	9	1	3				6	
5	8			7		1		9
8		4	2		5		9	7
				4	9	8	2	1
9	2		8			5		3

88 Easy

6						9	4	1
7		9	4	5			6	8
	4	8			6	3		
5	7	1	6		9	8		
	2		1	7		5	9	6
		6	2	3	5	1		
	1		3	9	7		8	
3		5						
8					2	4		3

89 Easy

7		2		4	6			5
4	6	5	8	9				1
3	9			1	5			6
2	8		9		1			
				6		9	7	8
9	3	6	4			5		2
8				2	4			
1			6			2		9
					9	1	8	4

90 Easy

5	9		2	3		4	6	7
4	7				5	1	3	8
			7			5		9
				5		9		2
1	4	3	8	2		7	5	6
			1				4	3
		1	5					4
	3	4					8	
6	8			9		3		

91 Easy

9	8	2	6			5	7	3
3		4	5		8		9	
5	1			9	3		6	8
8						9	2	
7		3	9	8		1		
	4	9		2	5		8	
	7	8	3		2		5	
		6					3	
4					9	8		2

92 Easy

			8				7	9
1	2		7	6	9	3	5	
	5					1	6	
8	7	1	9	2		4		
5	4		3				9	
6	9		1	4				7
2		7	4	9	3	5	1	6
9		6		8			4	
		5				9		

93 Easy

5				2	8			
		3	7			1		
6	8			5		9	2	
8	3	9	2					5
1	6		3	4		7		9
		4	8	9	6		3	
2	1	6		8	9		7	
4			6				9	
3		5	4		2	8		

94 Easy

	2	9		1	6	8		4
	7				5	1		
6		3		2	8			
2	8	6		4	3		1	9
	3		9		1			6
9	5	1						
3		5		7	2	9	4	1
		8		3		6	2	5
1	4					3		

95 Easy

6	1	7			5			8
4	5	8	7		6		3	1
3	2				8	5		7
		3	9			6	8	5
	6	4			2	9		3
		5		7				2
5	4		8	6				
8			4	2			5	
		6	3			8	2	

96 Easy

1	5		7		2	9	3	
8	4	2				5	7	
				5		4		1
			9		7	8	5	
						7	9	4
	7	9	4	2		1		3
7		1		8			4	
2		4	6		5	3	1	
9				1	4	2		7

97 Easy

	9		4	1	3			
	5	1	2	9	6		3	
2					5			4
		5	9	6	4			3
6			5					1
3	4				8	9	6	
	2	3		4	7			
9				2	1		4	7
	7		6	5	9		8	

98 Easy

6	2	9	7		4		3	
	8			3			9	4
					9		8	
		8				3		1
		7				9	5	
	3						4	2
8	4	2	9		7		6	3
	7		8		6		2	9
5	9	6		4		7	1	8

99 Easy

		2	3		7			
			8		6	7	1	4
	7	1	5		4	3	2	
	5				8			2
4	2	6			1			
3								
2		9	6		3	4		7
7	6	3	1			2	9	
5	8	4		7	9			1

100 Easy

	6	8			3	2		5
1	3	2	7	4		9		8
		5	2		8		3	
	1		9		2	3		7
	5	7				6		9
			5			8	1	4
	9					4	8	3
2			3	5		1	7	
			8	1				2

101 Medium

9	8					5		7
5				1				8
1	2				4			
	7	1	4					5
6		9		3			7	
3				5	9		8	
4			3				9	6
	3					7		
7		6						

102 Medium

	4					7		5
9				5	8			
		3				6		
5	9			3		4		
3	2		5	9				8
1					2	9		
6		1			5			
2			3	4	7		1	
4			1		9			

103 Medium

	4			5	2	7		
			7	4			8	5
	7	3			6	2		
			5		4	6		9
		2				3		
4	9			2		5		8
3	1	4	6			8		2
		7			5	1	3	

104 Medium

	7	9	3		8		2	
5							8	3
	3		4		2	9		
				1				
9		3				1	4	8
		5		3	4			6
					1	4		
	9	7			3	8	5	
4	6	1		8			3	

105 Medium

			6	5				
5	7	2	1	3				
	1	6	4			5	7	8
	4	3	7	6	5			
			3			2	5	6
	6		9					
		1	2	9	3			4
8				4		3		
								5

106 Medium

6	1	9	3		8		2	
			2					
	5	2				3	4	
					9			5
5	4	8			2			3
2	9			1	3	7	8	4
9	8				5			
	6	3	8				5	
			9		1	8		

107 Medium

5				7		1	4	
9				5				
7			1	9	6	3	5	
3		8		4	2			6
			7	6			9	
	1	9	5					
	2		4	1		6		7
			6					
	9			3	7			

108 Medium

		1	5	8				2
	2	9		4		5		1
	4	5	6				8	3
4				6		1		8
			9					
9		2			1	3		6
	7					4		9
5			3					
					7			

109 Medium

4		7			6			
3			4				6	
	9		7	3				
		9		2			5	3
		2	3	4			1	
6		3			8		7	
2	7			8		6	9	
		1						2
		5		7		1		

110 Medium

7			3					
	5	8				4		
3								9
2				9		7		8
4		7				1	9	5
	1	3			5	6		2
	4	6		3	9	5		
			2	5	6			
	3		4				6	7

111 Medium

6		5		4		8		
			9		1	5		
1	3	2	6					4
7							4	2
		8		1	9	6	3	
3	2					1		
	5			3	2		1	
2	7				5			
			8				7	

112 Medium

		2			7			
	8	1				6		2
6	5						4	9
	7				1			4
	3			9		2		7
		9	7	8			3	
	4							
	6				9			
7	2	3		6		1		5

113 Medium

	5		9	2				
					5	1		3
	3	6		7	1	2		
				1	9	3	2	
	7			3				1
				8	4			6
		3	1	5			8	
	1		4		7			5
6	4	5						2

114 Medium

	8	5	3	2				6
3	9		7		5	8		
	6				9	3		
4								5
8		2	5	4	6	7	3	9
	5		1			2	4	
6							2	7
						5		1
5							9	

115 Medium

6	5	4	9	1	8	7		3
					7			
		2	5		4	1		8
	4			8				
3		6	4	2		8		7
						2	4	
1		9					8	6
	2			5			7	
				7			1	

116 Medium

	4			8		9		
			7		6		2	
	7	2	9		1	5	8	3
		5			9	3		2
9	1	6	5	3				
	6	4				7		
2	5					8		
	3	7	4					6

117 Medium

9		7						
	5	2				7	6	
	8	6	5	2			1	9
				4				6
	2				6		7	
6					5		4	
7							9	
		9		1		6	2	
2			9	7		3		1

118 Medium

8	5	4		3				1
			8		4	7	5	3
2		3					9	4
		1	4	6				
	8	7	5	9	3			
6								
		2	7		5			
1	9				6	3		
	4	5					2	

119 Medium

		4		7		6		
7		1			9		8	
6	2			5				
1		5	7	6	8	3		4
					3		5	
	8					9		1
5			9		2	1	4	
	1	2		3				
					6			9

120 Medium

2	1	8				3		5
6				2				
5			1		8			2
9				4				1
3		7						6
	8	4		9	2		5	3
		1		7				4
						5		7
					5	2	9	

121 Medium

	1	3	7	6			2	
				2	4			
9							4	
		5	1			4	8	
	7	4		3		6	9	
8	6	9	4			3	5	
5		8						
	4			5		1	3	
		1			8		6	

122 Medium

			4	1	9			
	5	7		8	6	3		
1		6					8	
	7	4	6			9		
	1		8		7		4	
	3			9				
		9			5			4
7					2		9	3
			9	4	8			6

123 Medium

				6	7			4
							3	
8	7		3	2				
		4		3	9	8	1	
3	1			4			2	
9					5			3
2		3		5	6			8
			8	9			6	
5			4			2		

124 Medium

								9
	6		4	8		1	5	7
			7		2	8		
6				4		7		
	2					4	3	
7	4	8	9					2
		4	3					1
		6		1			8	
	1	5	6			2	7	

125 Medium

		9		2	4	8		3
				7		2		5
				3			7	
	6		9		3	1		
4	5	8		6				7
		1		4				
		3		1				
1			3	8		5		
		4		9	7	3	1	

126 Medium

		7						2
5				4		3	8	
	3	4		6	2			
1	4						2	
2		8	4				5	
	6	5	2	8				
4				1	5		3	9
3				2		1		
	7	1		3				

127 Medium

6		3				7	2	1
		8			5	3	6	
4								
			5			9		
			1	8				
	8	1	3	9	7	4		
	2	5						
		6		1	9		8	7
	9	7	8					

128 Medium

			9			1		4
	9				4		2	
2	4			3				8
	7			9	1	5	4	
	6	4	8	5		3		
				6				
				1	3	9	5	
		9			5	8		1
	2		6		9	4		

129 Medium

2	1		9					3
				2				
9							7	
4	6	2		8		9	3	
7	9		6			4		1
5					4	8		
			8	3	2	7	1	
			4					
			7	1	9		4	

130 Medium

	8	1				2		9
2				5				
	4	7					1	
	3		6				4	
			9	8				
		9		4		1		
	7				2	3	9	1
9		5	8		4		6	
	2			1			5	4

131 Medium

6	9					8		2
7	1		8		6		9	
4			2		5			6
8	6		9			2		
	5	4				9	7	
	7							3
1		7			9	4		8
			4	6				7
			3					

132 Medium

			6			1	3	
	8			7			5	2
		6	9					
6		2	8	1		3		
					9	2		
4			2				8	
7		1	3					8
3	6	4		9			2	7
8					7			3

133 Medium

		1	4				8	
5	9		8	1		2		
8	3		7	6			5	
				7			1	8
9		8						
7	1	2			6	4		3
	4	6	3	2				5
			6					
3								

134 Medium

				2			5	8
9							4	
		2			8		6	3
	2				3		9	1
				4		6	3	
3		6	9		2			
	3		2			5		
	6		8		1	3		
	1				7			9

135 Medium

	3						8	
	4	9		7	2			
7		1	8		6		4	9
6	1			5		7		
			7					6
	7				8	4		
		3		4			7	
			1	8				4
	8		3			6	5	

136 Medium

	8							6
	7	1					4	8
		2	7	6	8	5		
7					9			5
	5			7				
	9		5	1			2	
5	1		3		7			
		9	6	2			5	7
	6				1	4		

137 Medium

	8	3	6			2		
	1				7	9	6	8
	6		5	2				
				8	6	7	2	5
					1	6		4
1	7			9				6
2						1		
	9		1	5	4	8		

138 Medium

5					8	4	6	7
4	6	1				3		
		7	6	4			9	
	7				4			
		2	3	8				9
6		4			9		1	
		5	7					8
3				5		1	7	
					3	9		

139 Medium

	2	9						4
				1			9	
	3		4	8		6	5	2
2	4		6		3			8
3			5		8		2	1
9								
	1				4			9
		2		7		3	8	
	9		8					7

140 Medium

4	8				3			
				4		6	1	
	1		9				3	4
	7			6		2		
8	2			3				5
1		4		5				7
6		8	1	7				3
	5							
7					5	1	2	6

141 Medium

				6	8	3	4	
	8		9		7			1
5	3				4			9
	4		3			8	2	
								5
8		3		2	6			
			6				9	
			4	5	9		7	2
	9	5		7		4		

142 Medium

7					8	3		
	8	9		2			4	1
	3		5	6		9		
	1				2	4	8	
	7	4			3		9	
	6		1	9				
			8			7	2	4
	2		4					3
		5					1	

143 Medium

5							9	8
	8		2		3	6		
7	4	6			9			
		5			4		2	
						9		4
						7		5
9	6	8	7	2	1	4		3
	7			3	5		6	
3		4		6				

144 Medium

8	6		3	1	7			
2						6		
9	5	3		2	6			8
4	8	6			9		1	
			7		8	3	4	
7			5		1		6	3
	1		9			5	8	
		8			2			

145 Medium

	2			6	3			
9				7	8			
			2					1
	5		7		2			
	1		9					
			6			8	4	7
7	9	3		4	6		1	5
		6	5	2		3		
		2			1	7		

146 Medium

4		8			3		6	
3				4		9		
2		7	9	6		3		
	4			7	1			6
7			4	8				
	8			5	6			
	1			3	4	7		8
9							3	4
8								

147 Medium

	4							2
5			8	2		7		4
		2		1	9		5	
		4	1					
				9			2	
	1	6			8		9	
	6	9	7	4				8
		7					4	1
	3			5		2		9

148 Medium

		7	5	2			6	
9		6			8			
5		3			7	8		
	1				4	5	2	
4	5	9				3	8	
			3	8			4	9
		5		9		2		
2							1	
	7		4			9		

149 Medium

		6	7	4			1	3
5			6		8	2		4
	7							6
7				6			5	
	1			2				
6		4	3		7	9		1
	4			3	6			
	9	7		5	1		4	2
				7	4			

150 Medium

	2	5			9			8
	7	6	1				2	9
						7	6	4
2	5		6		7			1
6		4	9	5		2	3	
7								5
	4							3
5	6			8				
		2		7		1		

151 Medium

	5	3	9	2	8		4	
7	4		3			8		
8	9				5			
4								8
9	2	5						
3						9		4
		4	7		9	6		
			6		1	3		5
6	3	7				4	9	

152 Medium

8	9							
		1	9				6	
	2				4		8	9
		3	2			8		
		2	7			6		4
			6		8			
5	4		8	3			2	
	6		5		9			7
		7		1		9		

153 Medium

	1	9			7			5
		4	1		2			
	2					1		7
5	8			4				
		6	7		1		8	9
	7	2	3					
			9		8	4		6
			2	1			5	
		5			3			1

154 Medium

	3				4	1		
		5		2	9			
4	1				6		5	8
	2			7			8	4
5						6	7	
	9				3			1
	5	2		1		4		
1	6					8	3	
					2	7	1	

155 Medium

	1	5				8		
	4		8	5		3	2	
	3			7	1			4
	2			9				5
9				2	5			
		4	6		8	9		2
			1		3			
		3		8	9		4	6
4					7			9

156 Medium

		5			9		7	
	2							
4		1				2		
7			4		1	8		9
	8			5			2	
		9	3		7	5		4
	9		6					2
5			8	3				6
6					2		5	3

157 Medium

			4			5	7	
2				5		8		
					8			2
	4		2			6	5	
5				8	6			9
		8		1			3	
	2	3		4		1		6
1	5				7		4	
9	8				3			

158 Medium

1		7			9			
		6	5	2	7	3	8	
				4		7	2	
					5	1		6
	6	5					3	2
	1							
	5	1		6	2	8		
2		8					6	
		4	8	7	3		1	5

159 Medium

	5	1	8		7			4
				1		5	7	8
7		6	5					
				8			9	
	2	9		7			8	
				3	9	1		
		5	9		3			
		4			1	8		
	6	7		2	8		1	

160 Medium

2	6		4				9	
			5		2	3		
			6	7			2	8
		2		5				
		8			7			9
	1			4				3
	5	9	8	3		6		
8	7			6				
1	2		7	9	4	8		5

161 Medium

		5	8	1	2		4	
				6			1	7
	9		3	4		6		2
	2		5	7				8
		7				1		
	3					2	7	4
		9	7	5				
4			6			5	9	
	5	3			1		8	

162 Medium

				8	1			
8		3					5	1
	9					6		8
	4	1					3	
5	7						8	
6			5			1		7
				6	2	9	1	
		4	7	5		3		
3		6			9			

163 Medium

8	7		3					1
2			5	1			9	8
1	5				2	3		
						2		7
		2			4	9	8	
3	9	6			8			
4					5	8		
9			8					5
			1					

164 Medium

2	9	7			1	8	3	
		6			3			
	8	1				7		
7						6		
9		3		8		2	5	
	2						9	4
				5				2
5			7	4				1
	7	4		2				3

165 Medium

	3			6		7	8	
				5				
				2		4		
7			3	8		6	4	
		5			1			
4	8	6			7	2	3	1
	7						2	
9					6		1	
2		4	9		5			7

166 Medium

		9			7			
							5	
		3	2	6			1	
3	9		7				6	
	6	8		4	9	5		1
5			6		8	4		
6					1		9	
1	8			5				7
		5						6

167 Medium

5	4	8		2				
	9		1	8	4			3
			7					
8								
1				4		2	7	
	7		9	6				5
9			4		6	1	3	
6	2				9			8
3		4				7	9	

168 Medium

		2				6		8
		7	5				2	
	3				7	1	5	
4	2		7			3	8	5
					5		4	
			1			2		
	7	6	4		2		3	
3		5	9	7	6			
				3			6	

169 Medium

	8			6	4		1	
4	5				7		2	
	3					4	8	7
		4					5	1
		8	6	5	3			4
	7	3			9			8
		2	5	4			7	
8	1						4	
9								

170 Medium

4		2	9		1		5	3
6		1				8	2	9
			2					4
				1		5		
5	6				7	3		
3		7	6		5			
		8	1	4	9			
1							7	5
2			5	7			4	

171 Medium

		2						
	4		1				6	
1	8	9				4	3	2
		5	8					1
7							8	
			2		9			7
	3				5	1		
2	9		6		4		5	
		1	3	7		2		

172 Medium

3		2			4		7	
5		7				8		
		6	7			9	3	5
				9				
	2	3						4
	4	8			7	2	5	
	5		3	8	6		1	7
					9			3
6			2		1	5		

173 Medium

	7	5		4		6		
		9			5			
1		4	6	8				5
	5	1				8	3	
7	8						6	1
		3		2	1	7	5	4
					8	2	1	
5			3			4	7	
		7		1				

174 Medium

		3		8		2		1
	7	2		1	9	6		
4		1		2				
1	2		6		5		4	
				3			2	
			2			1		
7	1		8			3		
		9					1	
	8			9	4	5		2

175 Medium

3				6				4
		4	7				9	2
1						8		7
	7	8	6	4	5			3
					8		6	
8		9	2	5				
	4		9				8	
2	3	6		1		9	7	5

176 Medium

9			8	4				5
6		4						
3		8					1	9
8	7			1				
				9	5	3	7	
					2	1		
	8			6		2		7
7	9			2	8			1
	6	5					9	

177 Medium

2		8	1				9	
	3	7				8	6	1
		1			3		2	4
	9	6				5		
4								3
		3	9	2		4	7	6
				8	6	1		
		5						
1		4	5	7	9			

178 Medium

	8				3	9		7
			5				6	
3	1				7		8	
						8		
4		7	2		6		5	
		2					3	
7			9	3				
9		6	8	5			2	
		3	7	6				8

179 Medium

			2				9	
4				5				
	3		1		9			
7							6	
	6			2			7	3
	1	5	9			2		4
6	5	3						
8	9		3	6		5	2	1
	2	4	5		8	6		

180 Medium

		2	9				6	3
6				3	5			7
5	3		1					
		8			3			5
4	6			1		8		2
		3						
				9		7	2	6
			2	6		3		1
	2	6	5			9		4

181 Medium

	1					8	9	4
								3
5	8	9		3			1	2
		2	3					7
9				4	5			1
	9		2				5	
1	4	5	6	9				
2	7	6	8			4	3	9

182 Medium

1			7		3	9	4	5
	9	6		2	5			
		7						
				5		8	6	
			6	7	8	5	9	
		5						3
4		1	2	8	6			9
								6
	5		1	3			7	

183 Medium

				9	6		4	
4			7			6		1
	7					9	5	3
	6	4				8		5
	5	7		1		3	2	4
	3				9		7	
		1				2	6	8
		5						7
2							3	9

184 Medium

			3	7			4	2
		3	6			8		5
					2	1	3	
	9							
7	1			5	6	9	8	
2				3	7	4	1	
			7	1				
	4				3		5	1
	3							8

185 Medium

7	4	2					3	
					2	1		
			9			5		
	3			5			9	
6		1				7	8	
8	5	9	6		7		1	
	6	8			3	4		
	7			8			5	
5	9	3	7	4	6			

186 Medium

2			9		6			7
8		7	5	3				
	5		2	7			3	6
				4	9			
	1			2		9		
	8				5	7	1	
6			7					4
	7	8		9	3			5
	2							

187 Medium

		7		8	4	1		
2	4			3		6	9	
9								7
3			7	2				6
8		6	1			4		
		5			8		1	3
1						3	2	
	6					9		
4		2				7		1

188 Medium

			7				4	9
9			4			2	6	
7		6	1		9			
		3	8		7			
		9	5		2		3	
8	5					9	7	6
3	9	5	6	8			1	
	1							
	8	7				5		

189 Medium

6	7				4		3	
		2					6	
4			2		3	7		
9			4		5	1		6
7	1			8				
8	4	5		1	9			
				4	7	2		5
1		7	8				4	
				3				

190 Medium

9	7				6		3	
	2	6			3	9		
3	4	8				5		
				9			8	7
7	3		6	8			2	5
8								
			2	6		8		
		5		3				
	6		9		8			3

191 Medium

				3	9	2		
3	6				8	9	4	1
	9		4	1				
		2		4	5	8		
			8	9				2
	4	8			2		5	
5			3	7			2	
		1	2		4			
4					6			

192 Medium

6		2	7	9				
	3	7		5				
5				3	4		2	
8					9			
	4		8	6		9	5	3
		3	4			1	7	
		6			3	7		
			5	4				
3	9		2					1

193 Medium

7			1	2			4	
	5				3	6		7
	2				7		3	1
				9	4		5	
		6				4		9
9	4		7	8	5			
							7	4
1	8	5						3
		7	5					

194 Medium

	5							3
3	8	6	4					
					6		7	4
				1	5		4	
5		7	6	9				
			7		2	9		5
	4			6	9	2		
					7	3		9
		8	2	5	3			

195 Medium

	6							5
				9	6	3	2	8
	5	3	7					9
5	1	6	2	8			4	
		9			3			
		8	6		9			7
	7					5		
			8	1				4
		4		7				

196 Medium

		5	7	9		6	4	
				3	2		1	
3		7	1				9	
5	6		9			2		8
			6		5			
	9	2			7			
7				6				
1			5		3	9	6	
9			8	4	1	3		

197 Medium

	4				2		6	
3	5					9	2	4
		2	4			3		7
		6	9					1
			1		7		5	
	3	7		8				
6	9	3				8		5
2			8	3				9
				7				6

198 Medium

		8	2		3			
6			8		5	3		
3		9	1					6
	1				8	9		3
				3			6	4
5		6			9		2	
7	8	5				6	3	9
						1		
	6				7	2		8

199 Medium

	1					8		4
				5				
2	4				8			
	5							
	8	1	4	7			2	
	7	3		2		5		6
3					9	4		8
			2	4		1	7	
	9		6	8				2

200 Medium

		6				9	7	
		9	7	1	2	8		3
2		3		6			1	
						2	5	
5	4		2			3	8	
		8						9
				8	7	6		
8			5	3		7	2	
7								

201 Hard

	4			9			2	
2	6	1	8		4		9	
3	9		2	6	1			
		9	5					4
				7				8
	2	4	3		9			
7			9			3	1	
	8	3					7	

202 Hard

			4	9	6			
	3						9	2
	7		1				6	
			5	6	4		8	
		6	3					1
2	9	1						3
	8					9		6
	6	3			1	7		4

203 Hard

	2			8			4	1
6	7	4						
3		7			2	8		9
					7			
4					1			3
9	8			2		6		
				6		1		
		3		4		9		8

204 Hard

			2		1		9	
	5			7	8	6		
3	6					8		
	8				9			4
						1	6	
			7				8	3
8	3	1					2	6
					4			
	4	7			2	9		1

205 Hard

			3				2	8
3			1	2				
	4	2						
	1		9		2	8		
6								3
	8	9					6	1
		4		1	5			
8	9				7	5		4
					6			7

206 Hard

		6					3	
						5		
	4	7	1		3			
	6	4					7	
7	3			9				
	8	5			1	9		
		2			8	6	1	
4					2		8	
				3		7	9	

207 Hard

7					6			
	3				2			
6			3	1	8		2	
						7		2
	9			6	1			
		8					1	
	4					6		
8			1		3	2	5	
2		5	6	8	4	1		

208 Hard

				5	7			
4	9				2			
		2	3					8
		1	2		6			
					3			6
9		6				1	2	4
		9				7	3	
3		4	1	8				2

209 Hard

		6	8				9	
						4		
1				6			7	
2			9	1	7			
		1	6				8	5
3		2		7				8
8				5		6	2	
	6	5		4				

210 Hard

						3		
	2				9		7	4
5		9	7					
					7			1
		2	6	8				
6							2	9
2		4			6	1	8	
3		6	1			9	5	
	5	8			2			

211 Hard

		6		5	9			1
3	1	2	4					
		5			1	6		
	4					1	7	
		1			7	2	6	
	3				4			
1			7			4	5	
			9					
	5		1					8

212 Hard

2		5		4			9	7
	9							
	8		7			2	5	
	1						2	
			3			7		
					6			1
1					4			
7					1	3	8	
	4	3		5				

213 Hard

	4	2		7				1
	6		2			3	9	
				3				
	8		7		6			
		3	9					
			8				5	
	7	9					3	
4	3			1		9	2	
2		1						7

214 Hard

	5			7	6			
			3		4			5
						2		
6			7			4	1	
		5			2	8		9
	7			8			6	
	4	1			5		2	
9	8			6				
			2					8

215 Hard

1				8			4	
	4	8	3				5	
6								2
9	2	1			6	5		
				9				
			8	3			7	
3			1				2	
4	1	9					6	
	7	6					3	

216 Hard

				9		8	7	3
3	7	4		8		1		6
		6			3			5
8							5	
			6			3		
5		2		4				1
				3				9
4								8
						7	4	

217 Hard

		4		5				
				4	3	2		1
9	5			2			6	4
	1	5	6					
8						5	1	
	6				8	9		
			2					
	8	1		6				5
	4			7				9

218 Hard

		8	6					2
7			2	4		8	1	
2			8			7	5	
	8	4		5				
				1			6	
	9							
	5			9				3
	6				8	9		4
4							8	1

219 Hard

		9			5	2	6	
					4		5	
5				8				
		7	4		1	3		
			2		3	5		
2		5		7				
	5			2	9		4	
9		1			6		2	
							8	

220 Hard

			1		2	9	3	
							8	
				6	9			4
4		2		7			1	8
	8					4		
		9				5		
		7						
1					3	8	9	
	9	3	5		4	6	2	

221 Hard

			6		4			
	9		2					1
		7	9	3			8	
			3	1		6	7	
	8				9			5
	1						3	4
6						3	2	
		8	4					6
					7			

222 Hard

5			6		4		1	
		7	2			5		4
				8				
				1		4		8
4	1	8			2		7	
3					7			
9		6			1			
					8			2
			3	6			4	7

223 Hard

3	4	6	7					
			4		8	6	1	
	9		6					4
	6	4				3		
	1					2	4	
	8			3		7		6
				8				
	5							
8				1			3	2

224 Hard

		5		7				9
	9				6		2	
	1	4						
		6			1	5		2
								4
4		1	2	8	5			
				9		6	8	
	5	8						7
	3		4					

225 Hard

					5	3		
4	2	7	6	8				
5					7			4
9		8						2
2	7		5		8		4	3
	4						3	
				5		2	6	1
1			9		6			

226 Hard

					2			
4			9	8				5
	8		7		1			2
		4			8	2		6
2	9					5	4	
						1		
		9						
	3	8		6	7		9	
				5				

227 Hard

			6	9	2			
						9	5	
		4		7	8	6		
6					4			
1	8			2				
				6				8
	6		3					2
5		8		1	6	3		
4				8	7			

228 Hard

		2		9		5		
3	5			1	4			
7						9	1	
								6
		6	2	3	5		8	
5	3		6	7				
								4
9			1		2			8
			3			1		

229 Hard

				5		1		9
		5						8
8					2	6	5	
				6	5			
	9	3		7		8		1
2		1						7
	4		7				9	
	3					4		6
					9			3

230 Hard

3		8						
			7				6	
	1			3			8	5
1	3		2			9		
					9			
			6	4	3	5		2
	9		4			3	5	
4								7
7	2				1		4	

231 Hard

3	1					5		
			5		7	8	3	
			9	6		4		
8			1	3	4			
	5		6	2				
2		9				1	4	
6	9		8			7		
	2		3	7				
							1	

232 Hard

2	5				7		1	
1								
4	9			1				2
	6				9			
7			8					
				5	6		9	4
	7			9				5
	1				2			7
	8	5	7	4		6		

233 Hard

	9	5				7		
3	2				8	1	6	
	4			3				7
1		6						5
8			1			2		
		7		8	1		2	
		8		6			4	
				2	9			

234 Hard

		3					4	
4		1		6	7		3	
5	6	2						8
2								6
	3					1		
1				2			7	
		9		7	8	2		
		7	2		6			
			3		4		1	

235 Hard

3				6		8	7	
			8					1
	2					3		
						1		2
	6	2						
					3	4	6	7
	7		2		9	6		
	1				8		9	3
8						5		

236 Hard

	6	7			3			5
4	1							
		8	4	7		1		
	3					2	1	8
6				2				7
		4						9
		2	8	6				
	9							
							7	4

237 Hard

	5	7		8	2	9		
	8			1	3	5		
							6	
5	7			9	1		3	6
					4		9	
9			8	5				
	4				5	1	8	
		1	4					
7						2		

238 Hard

					2		8	6
			4	3		9		
9	4		6			5		
3	9		1	4				
	2			9				
			2			8	9	
			7	1			2	
1		3				7	6	
4								

239 Hard

6							8	
		2			3	6		
		8		6	9			
	3		5					2
8			3		2			9
	9				8	4	5	
			8					
3					5			4
5		9				7	3	8

240 Hard

			6	9		7		
7	6					9	1	3
2					7		5	
	9	5	4	2		3		
4								5
6				7			8	
							2	
	1				3			4
			7			5		6

241 Hard

		8						
5			9		6		8	
9					4	3	2	
	1				9		3	
3			2		5			
6								1
	9	1		6	3	7		
	3		8				5	9
		6						

242 Hard

	7							
6	9		4			8		
			3	6			7	
	6		2				5	
	4		5					8
7			8			4	1	
		6			3	9		
			6			1	8	
	5	3		2				6

243 Hard

			1			8		7
	8			6		2		3
		3					1	4
	6		4		2		7	
		5		7			4	2
	7				6			5
		7		4				
4			8				2	6
			7					1

244 Hard

		8		4				7
		1						
	2	6	8					
					4	5	3	
7			5				2	1
	4	5	2					9
		7		1	2	9		
	5			6	9			
	9		3					6

245 Hard

			3					9
3		7	6		1			
	9				7			6
1		2			5			8
	5			1	4	2		
		8		6	2	7		
9						3		1
							2	
			1	5				

246 Hard

1						9		
	8	7	1				6	
		5					8	1
8				9	7			
	5							3
		3	2			4	9	
9	2				6			
	3				5	6	1	
		6		4				

247 Hard

	2	1		6				
							9	
		7			5	2		
	3		8		2			4
2					9			8
			6	4				
	4			2	7		8	
	9	2	1	8		6		
7			9	5				

248 Hard

								5
	6	2			3			
		4	9		2			
			1					
		1	4	6		5	7	2
					7		9	3
9		3	5		6		8	
		5	3		4		2	
	7						5	

249 Hard

	5	7	9		8			
4	8	1	3			7	9	
	7			9				6
					5	3		
3			7				4	9
				7	9	8	5	
	2		1	8				
	4			3		1		

250 Hard

		8			7	1	3	
	4		2	3				8
		6	4			5		
	3		8				5	
6		7						3
2		9		6				7
						7	9	
		5		9	1			

251 Hard

7	1				8			9
		3	4			5	1	
					1	3	7	8
		4	1					
			6	2		8		4
								1
				4				
9		5	3			1	2	7
	3						6	

252 Hard

	1	2						
6							7	
				9			3	1
9	4				8		1	
5				3		6		4
				7			5	
	9		4			5		
	2			5	3			
	5	7					6	3

253 Hard

					9	1	2	7
			7	1	6	9	3	
								5
		2	9					
	1	8						
6				2	8	7		
4		3			7		5	9
	5	7			2		1	
		1	5					

254 Hard

7	6				4			
5	8					9		
			2		9	7	6	
	9		5	7	2			3
			9				8	
3	5		1					
8	1							
	3		6			8		4
			4	9				

255 Hard

			4			8		
		9	2	1	8			
		1	6					7
					4			
8						6	9	
					5	1	8	
	6				1	5		
5	3	2		7				
				4			7	6

256 Hard

	4		1	3	2			
9	6	2	7	8				4
				4				
		8		2	7	1		
6					4		2	
			3	6				
		9		1	8			
		5					7	
	1		2	7			9	

257 Hard

			3	7	4			
					5			8
6	3				8			
2	8		4	9	3	6	7	
					1	8		
			7	8		5	3	
		2						
3	9	4	1	5				
								9

258 Hard

							4	
			9	8	4	7		
				2	3			
		1				6		3
	6			9				
	7		6	5		1		2
		6					5	
		5						1
3	1	4			6			8

259 Hard

4		8			2			1
	1	2						
5								
2	7	3		6	8			9
	5							
1		9		3		6		2
					7	1		
8		1			3	7		6
9	4		2			8	5	

260 Hard

							4	8
	4		6					
8		9	2					
		5	8	4				
					5	2	7	
	3			9	2			6
							3	5
7	6			5	1			
1						6		7

261 Hard

5			9	2		4		
	7	2	8		6			
						7	1	
		5				9		
9	3		4				2	
		8						
		6	3		4	8		
		1		8			4	
				6	9		3	

262 Hard

			8	1				5
6		9	4		5			
5		3						
		2					9	
					3		2	
	9					8	1	3
	6	1				7		
2		4	7		8		6	
					6		5	4

263 Hard

5				8	1			
			6					2
7					2		3	
2		9		6	4	3		5
							4	
							1	9
	5	7					2	
		4	3	2				7
9	8		4		6		5	

264 Hard

9		2			8	3		
		3		5			9	8
8	1				9		4	
6					2	5	8	
	4			6			3	
				1			6	
2		9					1	4
						7		3
							2	

265 Hard

				8		6	5	
			7					
9	2	8	5		1	3		
	1	2		4	5			8
	9			1	3			4
4			8					
	6		4				7	
		9		5		8		2
					7			6

266 Hard

		6			1			7
	7		2					8
					4			
	8		4			9		3
				6	8	1		
4					3			
		1	5		7	3	8	
			6					
5				1				2

267 Hard

5	6		3				8	1
7								
	1			6				
	4				3	5	6	
9		6				2		
					9	4		
	9	5			4	7		2
		4						
8		7		9		1		

268 Hard

					4	2		3
1				5				
	4	6	3	8		1	5	7
							4	
	7	8						5
				9				1
	2		5			4		6
			2	6		5	3	
8						7		

269 Hard

4		5		3	9			
		1						4
	9					7		
						3	6	9
3	2						8	5
						2		
9		2		6	4			
	5			8	7		4	6
	6				5			3

270 Hard

		6		5	2			1
5			9			8		4
4		7	6					
			1	4				
	6		5	9		2		
		1	2	3	6			
7						9		2
		2				1		3

271 Hard

7	1			4		9	2	
2								1
			7			6		
5				9				
			6		4			9
			3	5		7		
	6	1			7			
		3						
		7	9	6			4	

272 Hard

		4	2				1	
9				4		2	3	5
2			7					6
							6	2
			4	3				7
					2	5	8	
		3		8				1
8		7	3					
	6				5			

273 Hard

	5			3	8			
8			7		6			2
	1	3			4			8
				9				
6						8		7
5		4	8			6		3
	8				1	2	4	
							5	
4			3					

274 Hard

	9				1	5		
1	3	2		8		9		
			3	2		1		
2		1	5	6			7	
7								
		6	8					
5	7		4			3		
		4	7	5	2			

275 Hard

4	1							
5		8	3		4			2
			2			8		
		6			2			1
3			7				5	
	8				5		2	
	9							
2			9			3		
	7			5	3			6

276 Hard

	7			6	3			
4			5			3		
			8		7	1		
				9				
3		1					7	
		5			8		2	
6	5			1				
	3	7		8			1	
				3	2	7	9	

277 Hard

							4	
3		2						
	7	6	2					3
8				3				
4	2	3					9	5
	6	9	5	1				2
				6			1	
	3	7	1					4
			4	5		6		

278 Hard

4		5		1	3	2		
							8	
	6		5			9	4	
	7	1	6			8	5	
				5			7	4
			7					
9							2	
		6		2		5		
		8	3		5			

279 Hard

		9		3	6			2
7						1		3
		6		4	2	7		
								9
		5					1	
			4	6		5		
9		4	5	2			7	
	5			9		3	2	1
1								

280 Hard

9					5			
	1						7	2
			7			4		
2	4		9			5	6	7
	7		4			9		8
6	8							
8		4						
	3				9			4
		6		5		3		

281 Hard

8				5				
7		1	4			8	6	
	4						2	
5	6							
		3						
	8	4	5	2	6			
6		7			5			
2		8	1				4	3
	1					6		8

282 Hard

5		4	8					
2			4	6				
				1			9	
							6	
	2					5		8
			7	5	6			
					7	6	1	
		5	2				3	9
7		2		9	1			

283 Hard

			7	1				8
					2			
9			8			4	3	
	3							
1					5		7	4
	2	5	9					
4	5	8				2		
3								
				9	8	7	5	

284 Hard

				8	3		4	
3	1			7	2		5	
								2
	5					3	9	4
		7						
	3		9	5	4			
5				9				
1	8		3	6	5			
				2				9

285 Hard

						8	4	
3				2		6		5
				1		2	3	7
1				8	7			
7				3				1
8		4	1					3
	9	3						8
5			9					2
		7			5			

286 Hard

9			4					6
			8					
	7	6		5				
				1		6		3
						9		
6	5	7	3		8		1	
	9	8				5		7
	2		9		7		8	
		3	5	8			2	

287 Hard

7	4							9
	6				4			
1	8	2						6
6				8				3
		4		9				8
8						4		
	2				9	3		
3		7	6		2			
4	9		3		7	6		1

288 Hard

	1							5
				7	5			4
8	9			1	4		3	
6		1	3		7		5	
						2		3
			9	8				
7		4		6	8	3		
		2						
	8		5				7	

289 Hard

				8	1			
6					7	8		5
		8		9				
	3					9	5	1
		7	1			3		4
	5		2			7		
9			5	7	4			
	7						3	9
				6			4	

290 Hard

5	4		1		8			
1					3	5		8
				2				
4	9		7	1		2		
2			8					
	7	1					5	9
					6			
	5	4				1	3	2
9				5		8		7

291 Hard

7		5			2			
	3			9		5		
	6				7			
			9	8	3			
4				7	6	8	9	
2			5	1				
	5	4				3		6
						2		
3					8			

292 Hard

			8	5	6			
		1		2			7	
				7		8		
	3				9			
	2	7		1				
			5			3		6
	5							
8					5			1
9			6	8				2

293 Hard

		7	4					1
	3		6		1	8		
		9			7			
	5			3			9	
		3			8			
						3	4	2
	8		3	1		7		
3			7		5		6	
9					4		8	

294 Hard

							4	3
			2		9			
	7	8			5			
5					8	3		
	3		7			5	9	4
6						7		
7			4	8			5	
	8				7			1
2				1	6			

295 Hard

		9	5	8			4	
4			1			6		5
5			4			8		
		1			3	5		7
8			6			2		
	9	7						
	2							
3		4			1			2
					5			3

296 Hard

5		1	7		8			
	8		9		4		5	
					1	3		
	9		5				3	
1					6		7	
7						2		
				9		7		
	6	5	2			4	8	3
			4					5

297 Hard

1						3	8	4
				2	4	5		
			8				2	
	6				1		4	
				4	6	7		5
4			2	5				
8				3				6
7	9	1	6					
6	2		4			8		

298 Hard

5					2	7		
			3				4	
8	1				5	9		
					3		6	
	2	7			4	3		
				7				
2	5	8					3	
	9					8	1	
			4			2		

299 Hard

			7				1	
				2	6	3	8	
4			1			7		
7	2	5						1
3			8	6				
		6				4		7
			6	9				
	6				3			
		9		1			2	

300 Hard

				3				6
	8	5		7		2		
	2	9						4
		2			9		1	7
			1		7			
				8				
1		4		5		6	9	
	9		3	1				5
				9	2			

301 Super Hard

9	6		8					1
	3		2			8	6	
		1		4	9		3	
7								
		8			4			
	4	5			7	3	2	
							4	
					3	2		
			9		8			

302 Super Hard

		2		8				
	1	7						2
	3	8					1	
				2			7	
				4		6		
	2		6		5			4
6			9		3		5	1
				5			9	
		9						7

303 Super Hard

5						4		8
		7	4		3			
		1				3	5	
6				3		7		
4		8			5			
		6	2	1		9		
7					4			6
	1		3		8			

304 Super Hard

8		4		1				
		1			7			2
		3			5	4	8	1
		6		9		3	7	
								6
		9		6	8			
3			6				1	5
	9			8	3			
2								

305 Super Hard

	1				4			
								2
9		5					4	
		2			7	4		
		3					1	8
1				5		7		
		6		7	1		5	
		8		9		3		
			2		6			

306 Super Hard

2				5				9
			9	7		5	4	1
			3					6
						9	6	
5					7			
			4	9		3		
		4		1		6		
	5	7		2	6			
3	2		7					

307 Super Hard

5	1					9		3
		4						
				9	3	8		
			5				9	
		6	4	8				5
	3				9	6		8
			7	6				
6					8			
		1				4		

308 Super Hard

							4	2
2			1		5			
5	7							8
		7	3					
9	3				6			
			2				6	
	1	5		7				9
		8	6				2	3

309 Super Hard

					2	1	9	
4			1		9			8
			7					
8	3					9		
			5					
5		7			4		8	
	2			6				1
		4		1				
	8		2			6	7	

310 Super Hard

			4			6		
	4					9		7
		7	1			4		8
				8		5	3	4
9								
		8	5	7				
		2	3			8		5
				1	9		4	
	8				2			

311 Super Hard

8						3		9
		9			2			
	1						8	5
		1		2				
		4					7	
	9	6			5			
	7		1				2	
2					3	4		8
		8						

312 Super Hard

		4				5		
	8							
			8	6		3		4
							5	
1					2			6
		6	4	7	5			
3	1				9	2		8
				2	8		6	
	2					4		

313 Super Hard

9			5		1		4	8
5	2			6				
				7			6	
6		1						
						9		7
		4					8	1
				4	9		7	
	8							3
4		3					9	

314 Super Hard

		4		7	6	2		3
	5		8					
8	6					4		
7								1
				3	2			6
	1							
			6			1		7
2					9			
						3	6	

315 Super Hard

1		9						8
		7	8		4	6		
				9	6	5		
			2	5				4
			4			7		6
						8		
	1				3			
	2			6				
		8					9	7

316 Super Hard

				2				
	2				7	4	6	
		1			4			
								8
	9			1		7	4	
5	7				3			6
					2		8	
		3			6			
8		4		5				

317 Super Hard

5		6	4					7
	9		8	6				
		5		7			2	
	3			1				
			3					1
	8					2		
		9			7		4	8
		7		4		5	1	

318 Super Hard

		1	2	5		7		
		4		1				
			7		8	5		
3	8							
			8			4	7	
				2			8	6
	7							
		5		4				1
			9	3			4	

319 Super Hard

3				1	2			6
9					7			
2						7		5
6				2				1
				5				
		4	3		1	9		
			1				8	
8	2			9			4	
							6	7

320 Super Hard

	6	1						
				1	5	4	9	
		4					7	
1	3						8	
				8		9		5
		6			2			
			5					6
2				9			3	
	4	8	1					

321 Super Hard

							2	
			6		1	3		
	7		2		5			4
		4		9				
	5	3					8	
6							4	
	4				7			2
					2		1	6
9			5			7		

322 Super Hard

	3		8					
		5	9				3	
	2	7			5			
					8	5	6	4
2	4				9		8	
						1		
				9				
7	5	8			6		4	
			1					2

323 Super Hard

	4	6						9
			5	9		2		4
			2			1	7	
		9		5				
	1	7				8		
4						7	1	
	9		6	2	7			
						6	3	
		1	4				2	

324 Super Hard

		4					5	6
	5	9						
3				6				8
			4		8			
		7	3					5
					5	6		1
	7						2	
		3	1				6	4
			7	2		1		

325 Super Hard

9		3			2			1
								9
				8		7	6	
				9			3	
2					5	1		
			7		4			8
1							4	3
4			9					2
	2			1	8			

326 Super Hard

				1	3			
				7				
	6	5				8	3	
2	5		3					
			1			3		7
					2	6		
	9			2	1		5	8
						9	4	
			5	9				

327 Super Hard

7		8			5		9	
3						2		
				7		6		
	8	9	5					
					8			
		4			6		3	1
				8	3	1		5
	6	2			4			
						4		

328 Super Hard

	8				4	9		
			2					
				9				7
			5		6			
5			4	3				1
			8			2	9	
3			1					
	1						6	8
	6		3	5	2	4		

329 Super Hard

		6	8			9		2
	9							5
					2			
4	7		6			3		
1		9	7					
							8	
				7				4
9				2	4	1		
			9		8	7		

330 Super Hard

1			2					9
		3	6		9			1
		4					5	
			5	2			6	
		2					9	4
		6	7				8	
	2				1			8
	1	9			2			
8				5				

331 Super Hard

4			8					
		2		9			6	3
		1	7	5				9
1			4		6		8	
				7				
	2		5		8			
	6			8	9	2		
	1							
		3					9	

332 Super Hard

	3	7	2					
						1	8	
			7		6	3		
8			1	9		2		
6				4	7			
7					8			9
	2		3			7		
	7	6					5	
							1	

333 Super Hard

6		4			7	8		
			1			9		
			4	3				
2		8	7					5
		9		2	1			
9			6			2	1	
5		3					7	9
			2			5		

334 Super Hard

		6			9	4		
				5		2		
5				6				
		7	2	3				
			4				7	
		1	6			8		3
9		4		2		5		7
3	2				7		8	

335 Super Hard

				7		4		
			5				8	
4		6	1	2				7
9				3				
7			9			6		
5	6	2						4
				6				
1	5		3				4	
						9		

336 Super Hard

	1	9		2			4	
	3	2		8	9	1		
2			6			7		
			7		3	5		
		6						1
1				5	8		7	
	5		1	6		2		
	2							

337 Super Hard

6							9	
	5		8					
		1	3		7		2	
8			4		2			7
	6	5	1					
7						2		
						8		
	9					6	1	
				8		5		9

338 Super Hard

				9	8			
	2					9		
5		1		6				
3		8	1				7	2
					7			1
			5				8	
9				7				
						7	1	
		4			5	6		3

339 Super Hard

		4				9		8
					4			
			9				1	3
9					1		3	2
	6		2					7
				7		8		
	2							5
	7			3			2	
4			8	6				

340 Super Hard

					1	3	9	
			5		7			1
	3			4				
8				7			4	
1		4					8	2
9								
					9	1		
6		9						
7							2	4

341 Super Hard

3				1	4	8	9	
	6	5	7			1		
	8							2
6			4	2		7		
								3
				9	3	5		
8	5		9	7				
	4							
							1	

342 Super Hard

	8			4				
			6	3		1		
7	9				8			5
1			4			6		
					2	5		
			8	5				2
	3					8		
9				1			4	
							7	

343 Super Hard

		1			7			
3					4		6	
				2		1		
4					3			
			9	1				6
1	8				6			
5		2		4			9	1
							5	4
				5	9			7

344 Super Hard

		8	9			1	7	5
							9	3
				5	7			
		3	1	7				8
					6	9		
		9					1	2
4				1				
		6				2	8	7
		2		8				

345 Super Hard

	3	1	6	9				
8		4	1		7			
						6		5
	6				9		7	
					2			8
7			2	8		9		
1			9	3			5	
3		2		7				

346 Super Hard

				5			3	
				3	9			2
9		1						
				7			5	
8		4				2		7
1		6	4					
3	6			8				
5								3
	8			6		9		

347 Super Hard

3								6
		1	5	9			7	
6	9		2					
		9	4					
				2		1		4
		6		8		2		
1		7	6				3	
	3		8					
					7		1	

348 Super Hard

6								
2			8				4	7
					9	5		2
		1		7	2		3	
7					3			
5						8		6
		7		6		4		9
8								
	6		2	4				

349 Super Hard

			3			9	7	1
	9	4	6					
		5				6	2	
	2		5				9	8
					4			7
	4			7	3			
		2	9					
		6				3	5	

350 Super Hard

	6		9					1
1		3						
			4			6	5	2
	5	4		1	2		6	3
6	1				3			
2				8				
				4				8
				7	9	1	3	
			3					

351 Super Hard

	8			7			3	6
7								
					2			
		3	6	1			9	8
4								
			7	8			5	
	9	5	8					3
2	4			3				1
						4		

352 Super Hard

	4							
			3	7		1		
8	3			6	2	7		
	8	6	4		1			
5				8	7			4
7								
			6	1	3			
4		9				2		3
	7							

353 Super Hard

	9		4	7				
				5				
		4		6	2	1		
				4		8		5
	2		9					3
	4		6	8			2	
	3	2						
		8	5		4			2
		6				5		

354 Super Hard

	8						5	
	3				5		1	4
		1	8				2	
						1		
6							7	8
7	2		3					
9					4	3		
			7	9			8	
			5		1			

355 Super Hard

		6			5	3		
	8	4	3					1
7	3		6				2	
	1	3		6		5	4	
		2						
	4					1		9
1				2				8
			4	5				

356 Super Hard

9				7			1	
	3				6			2
1	5						8	
	9	5		6	2			
				3	4	5		
	6		9					1
8				4		7	6	
						2		
					8			

357 Super Hard

					5			
			9		2	4		8
				7		2	9	
4			8			1		6
	8							
	1					5		9
				6	3			
1	7			2				
		5			8			3

358 Super Hard

		9				4		
	2			9			8	5
			4				1	7
8								6
			1				5	
	4	1		2				
				5				
	8	6						2
4				6			7	

359 Super Hard

		3	1	2				9
					6			3
6					3	8	4	1
			2		4		5	
	8						1	
		7						
				3		9	2	5
5	6			9	7			
3								

360 Super Hard

								4
		2	6				7	5
7	1					8		
		7					4	8
	8	9			2			
			5			1	9	
		3	8	1		7	6	
2	9	6	4			5		

361 Super Hard

4				7	1			
2						7		9
					4		1	
	3			6		9		
			5					
6	5							2
		6		2				4
	2	3					6	
				1	7		3	

362 Super Hard

	5	4				2	6	1
						3		
		9	7					4
3			6		8		4	
4		7			1	8		
2								
9		1		6				
	6			7				
	7	2	8					

363 Super Hard

1								5
					7	2		
7	9	5	6					
3	7							4
			5			9		
4			8			6	7	
		6	7			5		
	3			9		4		
							1	

364 Super Hard

			7		4		9	
8			1					
	3						5	
	8	1			5			
	4	5					8	
	9			7			2	
	5	6		2		7	3	
		3		1		9		

365 Super Hard

								2
		1		4	9			
	4			2				
						7	8	
	9		4			3		
			7		1		2	
		9	3					7
1					2		5	9
		8		6				3

366 Super Hard

		5	3	6				
						4		
				7	4			5
	2	9	4			5		
							6	
6			8		9	2		
		8	7		3		4	
						1		8
2				9				6

367 Super Hard

				9				
			2		4		5	7
	4	3		8		2		
		4	8				2	
	2					5	7	3
5						1		
		8	6					
1	7							
4		5	1		7			

368 Super Hard

		2			4			
	6							9
					1		3	
6				5				
4					8	1		3
9			7				8	
	4							
	8		2	6			4	
		5				2	7	

369 Super Hard

		2	9		8	4		
	9	1	3	7				
5								
4	2		1		6			
							5	
						6	4	3
	7							
						5	2	
9		3		6	2			1

370 Super Hard

					1			
	5	8	3	9				
4				5	7			
	1	2				5		6
6					3	9		8
					5			
	9				4			
			1					9
3		6	8				7	

371 Super Hard

		5	1			7		9
4		1				2		
		9	6			1	3	
2			7	6			1	
				3	9	6		
				2			9	
	5							
1			5				6	
7		8		1				3

372 Super Hard

		1		9				
				8		5	6	
			7		6	4		
		6	3					
5				7			4	
9					5	2		
			1			8		
1	2			4				
	4	7	9	2				

373 Super Hard

		1				3		4
6				1				5
	9	3	2				7	
							3	
	2		8		5			
				7		2		
9	3		4	6		1		
				9	8	6		
8								9

374 Super Hard

3				4		5		6
	1							
6	8	7						1
			5	9				
	4					2		
	6	8			3		7	
					7			
9							3	
			1	8	5			2

375 Super Hard

3	2							
							4	6
	1			5				2
		1	7					5
		4	1			9		
	8				2			
					7		5	
	7						3	8
8			4		6	7		

376 Super Hard

			4				8	2
		8		9	7			
9		3			1			
					5		6	
			7			3		
6				8	9	1	4	
		6				8	9	
5			9	1			7	

377 Super Hard

	6	4		5			1	
		1		2				
9	2							
4					5	3		2
			8			1		
2		3			1		6	5
	4						3	
7	3							
						5	9	7

378 Super Hard

		9	7					
		6	9				1	3
	4					8		
5		4			1			
6				7		2	5	
			6				3	
		3				5		1
1					6			
4				3	7		2	

379 Super Hard

2			6		7	5		
	6				8			9
5						3		
3		6						2
	5		1					
				5		7		
			8	4	6	1		
	2				9	6		4

380 Super Hard

				5	4	3		
		9					1	6
							8	
	9	4					2	1
	1				8	6		4
5			1		9			
	2		3	6	1			7
		3		8				

381 Super Hard

	8					3		1
	1			7	6			
4		9				6	5	
7			9	1				
3	5	2						
					8			
6			1				4	
9						5	8	
			2				3	

382 Super Hard

		7	6			8		
				2	8			9
				9		7		5
	6			5				
1							4	
9						1		
7	4				3		8	
		6	5			3		
8								2

383 Super Hard

6	1							
			2			8	6	
		9				3		
		5		3				
								6
2	4	8		9		1		
					4	9	7	
	5						8	
		7	6		9		4	

384 Super Hard

	4		9	3				
6		8						
	5	1					2	
			5				1	4
								9
5			7	9		3		6
				7			3	
1					8			
		4	2			5		

385 Super Hard

2	4							
				1				9
		1			2			
	8		7			5	9	
			5					7
		3				8	6	
	5		8				7	
9	6			3				
3				9				8

386 Super Hard

		5	2			6	9	
1	9				7	5		8
		6	7	9		3		
2		1	8		6			5
	3					8		
	6			2				
			9				5	
		3						6

387 Super Hard

2		1		3				
		5	9					
			5		8	1		
		2	3			9		1
		7				8	3	
				9	6			
		8			5		4	
	1		4			5		
			8					

388 Super Hard

6	9						4	
		7						
3			7	2			5	
						8		1
4	8		3				2	
5								
			4				6	
		1	6	8	5	4		
								9

389 Super Hard

		4	3					5
3	2			4				
					2		9	4
	1							9
		8			7	5		
		5				6		
								1
	7	1	5	2				
	5		7			9	6	

390 Super Hard

	3					2		
4	1		7	8				
6			4		2			
			3	6				
2							4	
5		1				6		
		5						8
			2	5				7
				7	8	4	6	

391 Super Hard

	6						3	2
9			8	3		1		
					7			
		1	5		6			8
						5	4	
		5	9		3			
						2		4
3	8							
6					8		9	

392 Super Hard

	9	8						
	1		5		6			
			4		3			
5			9				4	1
					2		5	8
		4				9		
	2	5					7	
					1	3		6
8	3					1		

393 Super Hard

	4		9	5	1			
		9					4	
						7		2
7		5			3			4
		3		7		5	2	8
					2			9
								3
	8			4				7
	6					2		

394 Super Hard

	9		6					
				7	9			3
		1		2	8			
8			1			2		7
5				8		4		
	3					5		1
		3				1		6
9	2		8		3			4

395 Super Hard

9						1		6
			3					9
8				6				
		7				8	1	
3					5			
	8		2		3	7	6	
7				8		2		
6	2							
					9		4	

396 Super Hard

		4	9	6		3	1	
9			3			6		
					4			
3	7		5					
						9		
		1		2	6		3	
			6	9		7		
	6		7					
			1				4	

397 Super Hard

	4			2	3		1	
6								
		7			9			5
7								
4		5	7			6		3
	1			4				7
					7		8	
2						5		1
		3		6		2		

398 Super Hard

							2	
			2	1				
	9			6	7			8
			5					
		9			2			7
	4			9		6		5
9	5		4	3		8		
	7	3	6					
					5		1	

399 Super Hard

9						8		7
7					9		1	2
	6		8					9
		7						6
				5	4			
			9		1			3
		9		1	5			
6		3		8			9	1
		8					6	

400 Super Hard

3	8			1	6	7		
		1	9			8		
5				2	1			3
					8			9
			4					
4	9				3			
								7
	5	3				4		2

401 Super Hard

	9			8		1		6
		2				4		
	7	1			2		8	
	1		9					
	5							
6				7			9	
			3			6	4	
				9			3	
3		5	8		4	9		

402 Super Hard

	3		7					
				4		5		
1			3			2	4	
	1				7			2
	9	6		1				
	5		2				1	
			5					4
						1	5	
	7	9					6	

403 Super Hard

7			6		1			
	3							4
		2	4				6	9
		8	1		7		2	
4			2					
			5	4		3		
3	5			6				
6			8				9	
	8							

404 Super Hard

3						2	6	
			9	1		4		
	8							7
				8		7		
	6		7	5	4		9	
		5						2
6	7		2					
	4				5			1
5								

405 Super Hard

	5			2				
					5	1		4
3		1						7
	2		5	7				
		6			9		8	
	8			4		7		
	6	2		3		4		1
	3							
		7				8		

406 Super Hard

		9	3			2		
6			9			1		8
	3				1			
					3	8		
7				8				6
4				2	5			1
			5					
				3		4	8	
		4				7	2	3

407 Super Hard

			8					
	2	8						
				1	3			
		5			4		7	2
				6				5
4	1	2		9				8
	8						9	
		6		3	2		5	
	7		6					

408 Super Hard

				3	4			
5								
2	3		6					
		1			6		7	
7		3	5	2		6		
			3			4		
					9		1	8
		7						5
1					2			3

409 Super Hard

					6		9	
		3		2		6		
	7							
			9			2		7
7		8	4				6	
8	5				9	7		
					4	1		8
6				5	1			9

410 Super Hard

5		8			2			
	4			3		2	9	
							7	4
						3		
7		5		8	1	4		
	8		9			6		
1			4		7	8		
2								
				1		7		3

411 Super Hard

		3	5			2		
	9		8		3			
5				9				
8		2		1		7		
6					5			
	4	1				3		
2						8	3	
		8			6			9
						5	6	

412 Super Hard

	9					4		7
8	3			9		1		
				1				
4		5		8				2
3	1				2	8		
				3				4
			3	5		9		
		7						
			4		1			

413 Super Hard

	5		6			7		
				2	3			
8						4	6	
2			7					1
		7			9			
4		6			2			
			5			1		3
			3	9	7			6
5					6			

414 Super Hard

4	7		3		1			
3				9				
2					4	1		3
			6					4
	3							
				3	5	8		
		5						7
7	2			1	8		4	
	1							6

415 Super Hard

3		6						5
	2		1					
	1						7	
		2		4	6		8	3
			5			9		
				8		5		4
	3			5		2		8
		8			7			
		9			2	4		

416 Super Hard

7		2		3		8		
				7	2			
1	6			4				
					7		8	
5				6		4		
			2	9			3	1
							4	
		1			3		2	
9	4				5			

417 Super Hard

	8				3		5	1
1	7			9				
				2	1			
				4	7	9		
	2					5	6	
3	5		9			4		
						6		
					9		2	4
		8	2					9

418 Super Hard

	1	4		8			2	
				1				9
		6				5		
1		2	7				8	
				2			4	
					8		9	7
4								
5					4		7	
8	6	7		3	9			1

419 Super Hard

5			7			3		
3	1				8		6	
				4			1	8
	5		1					
9	3					5		7
	6	4	8	9				
1								2
	9				6			

420 Super Hard

			6		8		4	
					7			3
7	9				2	5		
						2		
8		9			3			
	5			2			1	6
6	8					9		5
2				3			8	

1 Easy

9	2	6	5	4	1	7	3	8
3	8	1	9	2	7	5	4	6
4	5	7	6	3	8	9	1	2
8	7	2	1	6	4	3	5	9
6	4	3	8	9	5	2	7	1
5	1	9	3	7	2	8	6	4
2	6	8	7	1	3	4	9	5
1	3	4	2	5	9	6	8	7
7	9	5	4	8	6	1	2	3

2 Easy

5	6	7	3	1	8	9	2	4
1	4	3	9	7	2	6	8	5
2	9	8	5	6	4	7	3	1
6	2	4	8	9	1	3	5	7
8	7	9	2	3	5	1	4	6
3	1	5	6	4	7	2	9	8
9	8	2	1	5	6	4	7	3
7	3	6	4	8	9	5	1	2
4	5	1	7	2	3	8	6	9

3 Easy

6	2	9	7	3	1	4	8	5
1	4	3	8	6	5	2	9	7
7	5	8	2	4	9	3	6	1
9	1	2	4	5	6	7	3	8
3	8	7	1	9	2	5	4	6
4	6	5	3	7	8	9	1	2
8	7	1	9	2	4	6	5	3
5	3	4	6	1	7	8	2	9
2	9	6	5	8	3	1	7	4

4 Easy

8	5	2	3	4	1	9	6	7
4	3	9	2	6	7	1	8	5
1	6	7	5	9	8	3	2	4
7	9	1	8	3	5	2	4	6
6	2	5	9	7	4	8	3	1
3	4	8	1	2	6	5	7	9
2	1	4	7	5	3	6	9	8
5	7	3	6	8	9	4	1	2
9	8	6	4	1	2	7	5	3

5 Easy

8	7	6	9	1	4	5	2	3
5	9	4	3	2	8	7	1	6
3	2	1	6	5	7	4	8	9
9	8	5	7	3	2	6	4	1
7	4	3	1	6	9	2	5	8
1	6	2	8	4	5	3	9	7
2	1	7	4	8	3	9	6	5
4	3	8	5	9	6	1	7	2
6	5	9	2	7	1	8	3	4

6 Easy

7	1	4	2	6	3	5	8	9
3	5	6	9	8	7	1	2	4
9	2	8	1	4	5	3	7	6
2	7	5	4	9	1	8	6	3
4	6	3	5	2	8	9	1	7
1	8	9	7	3	6	2	4	5
8	9	7	6	5	2	4	3	1
6	4	2	3	1	9	7	5	8
5	3	1	8	7	4	6	9	2

7 Easy

5	2	3	8	7	6	9	1	4
8	6	4	5	9	1	2	3	7
9	1	7	2	3	4	6	5	8
6	4	9	1	2	8	3	7	5
1	3	2	9	5	7	8	4	6
7	8	5	6	4	3	1	9	2
4	9	8	3	6	5	7	2	1
3	5	6	7	1	2	4	8	9
2	7	1	4	8	9	5	6	3

8 Easy

2	5	4	1	6	3	8	9	7
9	1	7	8	2	5	3	6	4
3	8	6	7	9	4	2	1	5
1	6	5	4	3	2	7	8	9
8	2	3	9	1	7	4	5	6
7	4	9	6	5	8	1	2	3
6	7	2	5	4	1	9	3	8
4	9	1	3	8	6	5	7	2
5	3	8	2	7	9	6	4	1

9 Easy

9	8	3	6	4	5	1	2	7
2	4	1	7	8	3	5	6	9
6	7	5	1	2	9	3	8	4
3	5	8	9	1	6	4	7	2
4	1	2	3	7	8	6	9	5
7	9	6	4	5	2	8	3	1
8	3	4	5	9	7	2	1	6
5	6	9	2	3	1	7	4	8
1	2	7	8	6	4	9	5	3

10 Easy

3	4	5	2	7	8	9	6	1
8	6	9	5	4	1	7	2	3
1	7	2	9	6	3	4	8	5
4	5	1	8	9	6	2	3	7
6	9	3	7	5	2	1	4	8
7	2	8	3	1	4	5	9	6
2	3	7	4	8	5	6	1	9
9	1	4	6	3	7	8	5	2
5	8	6	1	2	9	3	7	4

11 Easy

9	2	8	6	3	1	7	5	4
6	5	1	7	4	9	2	8	3
7	4	3	2	5	8	6	1	9
5	1	2	8	6	3	9	4	7
3	9	7	5	1	4	8	2	6
8	6	4	9	7	2	5	3	1
2	3	5	1	9	6	4	7	8
4	7	6	3	8	5	1	9	2
1	8	9	4	2	7	3	6	5

12 Easy

2	7	1	3	6	9	5	8	4
3	8	5	7	2	4	6	9	1
9	4	6	8	5	1	3	7	2
6	1	2	4	8	7	9	3	5
8	9	4	5	1	3	2	6	7
5	3	7	6	9	2	4	1	8
7	2	3	9	4	8	1	5	6
1	6	8	2	3	5	7	4	9
4	5	9	1	7	6	8	2	3

13 Easy

2	3	4	8	1	7	6	5	9
5	1	8	6	3	9	7	4	2
7	6	9	4	5	2	3	8	1
1	2	6	3	7	8	5	9	4
9	4	5	1	2	6	8	7	3
8	7	3	9	4	5	1	2	6
3	9	7	2	8	1	4	6	5
4	8	2	5	6	3	9	1	7
6	5	1	7	9	4	2	3	8

14 Easy

6	5	9	4	1	7	3	8	2
1	3	4	9	8	2	7	6	5
8	2	7	3	6	5	4	9	1
5	7	3	6	2	9	1	4	8
4	1	6	8	5	3	2	7	9
2	9	8	1	7	4	6	5	3
3	6	5	7	9	1	8	2	4
9	8	1	2	4	6	5	3	7
7	4	2	5	3	8	9	1	6

15 Easy

8	1	6	7	4	5	9	2	3
9	3	7	6	1	2	5	4	8
4	2	5	3	8	9	1	7	6
6	5	9	1	3	4	7	8	2
3	8	1	2	5	7	6	9	4
2	7	4	8	9	6	3	5	1
1	6	2	5	7	8	4	3	9
5	4	8	9	6	3	2	1	7
7	9	3	4	2	1	8	6	5

16 Easy

7	5	6	1	3	9	8	2	4
2	8	3	4	7	6	5	9	1
9	4	1	5	2	8	6	3	7
5	7	8	2	6	1	3	4	9
3	2	4	8	9	7	1	5	6
1	6	9	3	5	4	2	7	8
8	1	2	9	4	3	7	6	5
6	9	5	7	1	2	4	8	3
4	3	7	6	8	5	9	1	2

17 Easy

5	3	2	9	1	7	8	4	6
9	4	8	2	3	6	1	5	7
1	7	6	4	5	8	9	3	2
7	8	9	3	6	5	4	2	1
3	2	4	1	7	9	5	6	8
6	5	1	8	4	2	3	7	9
8	1	5	7	2	4	6	9	3
4	9	7	6	8	3	2	1	5
2	6	3	5	9	1	7	8	4

18 Easy

4	9	1	3	8	7	6	5	2
3	8	5	4	2	6	1	7	9
7	6	2	5	1	9	4	8	3
6	1	4	8	9	5	3	2	7
8	7	9	2	4	3	5	1	6
2	5	3	6	7	1	9	4	8
5	2	8	9	6	4	7	3	1
9	4	7	1	3	2	8	6	5
1	3	6	7	5	8	2	9	4

19 Easy

5	3	2	8	7	6	4	1	9
6	8	4	1	9	3	2	5	7
1	9	7	4	2	5	3	6	8
4	1	6	9	8	2	7	3	5
8	7	3	5	4	1	9	2	6
2	5	9	6	3	7	1	8	4
3	4	1	7	5	8	6	9	2
7	6	8	2	1	9	5	4	3
9	2	5	3	6	4	8	7	1

20 Easy

6	7	9	8	1	4	3	5	2
3	5	4	9	6	2	1	7	8
2	8	1	3	5	7	6	9	4
4	9	7	6	8	1	5	2	3
1	2	3	7	4	5	8	6	9
5	6	8	2	9	3	7	4	1
7	1	2	4	3	6	9	8	5
9	4	5	1	7	8	2	3	6
8	3	6	5	2	9	4	1	7

21 Easy

3	4	1	9	8	6	5	7	2
7	6	9	5	4	2	3	1	8
8	2	5	1	3	7	9	6	4
4	3	2	6	5	9	1	8	7
6	9	8	7	1	4	2	3	5
5	1	7	8	2	3	4	9	6
2	7	6	4	9	1	8	5	3
9	5	3	2	7	8	6	4	1
1	8	4	3	6	5	7	2	9

22 Easy

5	1	2	3	7	4	8	6	9
3	4	6	8	2	9	5	7	1
9	7	8	1	6	5	4	2	3
1	5	3	6	9	7	2	8	4
2	8	9	4	5	1	7	3	6
7	6	4	2	8	3	9	1	5
4	2	7	9	3	6	1	5	8
6	9	5	7	1	8	3	4	2
8	3	1	5	4	2	6	9	7

23 Easy

8	4	7	5	1	2	3	9	6
5	6	1	3	9	4	7	2	8
2	9	3	6	8	7	1	5	4
6	1	8	2	4	5	9	3	7
9	2	5	7	3	8	4	6	1
7	3	4	9	6	1	2	8	5
1	7	2	8	5	3	6	4	9
3	8	6	4	7	9	5	1	2
4	5	9	1	2	6	8	7	3

24 Easy

7	1	2	6	5	8	4	9	3
9	8	3	7	4	1	6	5	2
5	6	4	3	2	9	1	7	8
2	4	8	5	1	6	9	3	7
3	7	6	8	9	4	5	2	1
1	9	5	2	7	3	8	4	6
8	5	9	1	3	2	7	6	4
6	3	7	4	8	5	2	1	9
4	2	1	9	6	7	3	8	5

25 Easy

9	6	5	2	3	7	4	1	8
3	4	2	5	1	8	7	9	6
7	1	8	6	4	9	2	5	3
1	9	4	7	8	5	3	6	2
6	8	3	4	2	1	9	7	5
2	5	7	3	9	6	8	4	1
8	7	1	9	5	3	6	2	4
4	3	6	1	7	2	5	8	9
5	2	9	8	6	4	1	3	7

26 Easy

6	4	2	5	8	7	9	1	3
8	3	5	9	1	4	6	2	7
7	9	1	6	2	3	5	8	4
1	2	7	8	5	9	4	3	6
5	6	4	3	7	2	8	9	1
9	8	3	1	4	6	7	5	2
2	5	8	4	6	1	3	7	9
3	7	6	2	9	8	1	4	5
4	1	9	7	3	5	2	6	8

27 Easy

6	3	9	4	2	8	1	5	7
2	8	7	1	5	9	3	4	6
4	5	1	3	6	7	2	8	9
3	2	8	6	7	4	9	1	5
9	6	4	2	1	5	8	7	3
7	1	5	9	8	3	6	2	4
1	9	2	7	4	6	5	3	8
5	4	6	8	3	1	7	9	2
8	7	3	5	9	2	4	6	1

28 Easy

5	9	1	7	6	8	2	3	4
4	8	2	3	1	5	9	6	7
7	6	3	2	9	4	5	1	8
3	2	7	1	5	6	4	8	9
9	4	5	8	3	7	6	2	1
8	1	6	4	2	9	3	7	5
2	3	9	5	7	1	8	4	6
6	7	4	9	8	2	1	5	3
1	5	8	6	4	3	7	9	2

29 Easy

6	2	8	9	5	4	7	1	3
5	3	7	6	1	2	8	4	9
9	4	1	7	8	3	2	5	6
2	1	4	3	6	8	5	9	7
8	6	3	5	9	7	1	2	4
7	5	9	4	2	1	6	3	8
3	7	2	8	4	5	9	6	1
1	8	6	2	3	9	4	7	5
4	9	5	1	7	6	3	8	2

30 Easy

2	9	4	8	7	3	5	6	1
3	6	8	1	4	5	9	2	7
7	5	1	9	6	2	3	4	8
8	1	3	4	2	9	7	5	6
9	7	5	6	1	8	4	3	2
6	4	2	5	3	7	8	1	9
1	3	9	2	8	4	6	7	5
5	2	7	3	9	6	1	8	4
4	8	6	7	5	1	2	9	3

31 Easy

6	8	5	9	7	3	4	2	1
2	3	1	8	6	4	9	7	5
9	7	4	1	5	2	3	8	6
7	6	9	2	1	8	5	4	3
5	1	8	3	4	6	2	9	7
3	4	2	7	9	5	6	1	8
1	2	7	5	3	9	8	6	4
8	5	6	4	2	1	7	3	9
4	9	3	6	8	7	1	5	2

32 Easy

4	1	7	5	2	3	8	9	6
2	9	5	4	8	6	3	7	1
6	8	3	7	1	9	5	4	2
3	5	6	1	7	4	2	8	9
9	2	4	6	5	8	7	1	3
1	7	8	9	3	2	4	6	5
7	6	9	3	4	5	1	2	8
5	4	2	8	9	1	6	3	7
8	3	1	2	6	7	9	5	4

33 Easy

6	3	9	7	1	5	4	8	2
2	5	7	8	4	3	1	6	9
1	8	4	2	6	9	3	5	7
9	1	5	6	8	4	2	7	3
8	4	3	9	7	2	5	1	6
7	2	6	5	3	1	9	4	8
3	6	1	4	2	8	7	9	5
4	9	8	3	5	7	6	2	1
5	7	2	1	9	6	8	3	4

34 Easy

9	7	1	3	5	8	4	6	2
3	2	4	6	1	7	5	8	9
8	5	6	9	2	4	7	1	3
5	8	3	1	4	6	2	9	7
1	9	2	5	7	3	8	4	6
4	6	7	2	8	9	1	3	5
2	4	9	8	6	5	3	7	1
7	3	5	4	9	1	6	2	8
6	1	8	7	3	2	9	5	4

35 Easy

7	6	2	1	8	3	9	4	5
8	3	9	7	5	4	2	6	1
1	4	5	2	6	9	3	7	8
6	7	3	9	4	1	8	5	2
9	8	1	5	2	6	4	3	7
5	2	4	3	7	8	1	9	6
3	1	7	8	9	5	6	2	4
4	5	8	6	3	2	7	1	9
2	9	6	4	1	7	5	8	3

36 Easy

7	1	3	4	6	2	5	9	8
2	6	4	8	5	9	3	7	1
5	8	9	7	3	1	2	6	4
6	2	5	3	1	8	7	4	9
4	9	1	5	7	6	8	2	3
8	3	7	9	2	4	6	1	5
1	5	8	2	4	7	9	3	6
3	4	2	6	9	5	1	8	7
9	7	6	1	8	3	4	5	2

37 Easy

6	5	1	2	8	4	3	7	9
2	3	7	9	5	6	4	8	1
4	8	9	1	3	7	2	5	6
5	1	4	8	6	2	9	3	7
9	6	3	7	4	5	1	2	8
7	2	8	3	9	1	5	6	4
8	4	6	5	2	9	7	1	3
3	7	2	4	1	8	6	9	5
1	9	5	6	7	3	8	4	2

38 Easy

7	8	1	6	2	4	3	5	9
9	3	6	5	1	8	2	4	7
4	5	2	7	9	3	8	6	1
5	1	7	2	4	6	9	8	3
3	2	4	8	7	9	5	1	6
6	9	8	3	5	1	4	7	2
8	7	5	9	6	2	1	3	4
1	6	9	4	3	5	7	2	8
2	4	3	1	8	7	6	9	5

39 Easy

1	6	5	3	4	9	2	7	8
2	8	7	5	1	6	9	3	4
4	3	9	7	2	8	1	6	5
7	4	8	9	6	2	5	1	3
9	2	3	1	8	5	7	4	6
5	1	6	4	7	3	8	9	2
6	5	4	8	9	7	3	2	1
8	9	2	6	3	1	4	5	7
3	7	1	2	5	4	6	8	9

40 Easy

1	2	5	9	8	4	7	6	3
7	4	6	2	3	1	9	8	5
3	8	9	7	5	6	4	1	2
2	5	3	1	9	8	6	7	4
9	1	4	6	7	5	3	2	8
8	6	7	3	4	2	1	5	9
6	9	8	5	1	3	2	4	7
4	3	2	8	6	7	5	9	1
5	7	1	4	2	9	8	3	6

41 Easy

2	4	7	3	6	5	9	1	8
8	6	1	7	2	9	4	3	5
3	9	5	4	1	8	6	7	2
1	8	4	2	5	3	7	9	6
7	2	3	9	4	6	8	5	1
6	5	9	1	8	7	2	4	3
9	7	2	6	3	1	5	8	4
4	1	8	5	7	2	3	6	9
5	3	6	8	9	4	1	2	7

42 Easy

6	4	1	5	2	9	8	7	3
3	8	5	4	6	7	1	2	9
2	9	7	8	1	3	4	5	6
4	5	6	9	3	1	2	8	7
8	2	9	7	5	6	3	1	4
1	7	3	2	8	4	6	9	5
9	6	2	3	7	8	5	4	1
5	3	4	1	9	2	7	6	8
7	1	8	6	4	5	9	3	2

43 Easy

8	2	3	4	1	6	9	7	5
6	5	9	8	3	7	2	1	4
7	4	1	5	9	2	3	8	6
2	3	4	7	5	9	1	6	8
9	8	6	1	4	3	7	5	2
5	1	7	6	2	8	4	3	9
3	9	5	2	6	1	8	4	7
4	7	2	3	8	5	6	9	1
1	6	8	9	7	4	5	2	3

44 Easy

2	9	3	8	5	6	7	1	4
1	6	8	7	2	4	9	3	5
7	4	5	3	1	9	2	8	6
3	5	2	4	9	8	6	7	1
9	7	1	5	6	3	8	4	2
4	8	6	2	7	1	3	5	9
8	2	9	1	4	7	5	6	3
5	3	4	6	8	2	1	9	7
6	1	7	9	3	5	4	2	8

45 Easy

8	7	2	4	5	3	1	6	9
4	5	9	6	7	1	8	3	2
3	6	1	8	9	2	4	7	5
7	1	4	5	2	6	9	8	3
9	2	5	1	3	8	7	4	6
6	8	3	9	4	7	2	5	1
1	4	7	3	6	9	5	2	8
2	9	6	7	8	5	3	1	4
5	3	8	2	1	4	6	9	7

46 Easy

9	3	8	7	5	4	2	1	6
2	7	5	1	6	9	3	8	4
4	6	1	2	8	3	7	5	9
3	8	9	5	4	2	1	6	7
5	2	7	3	1	6	9	4	8
6	1	4	9	7	8	5	2	3
7	9	6	8	2	1	4	3	5
8	5	2	4	3	7	6	9	1
1	4	3	6	9	5	8	7	2

47 Easy

9	7	4	2	6	1	3	8	5
3	6	8	7	5	9	1	4	2
2	5	1	8	3	4	9	6	7
4	3	7	1	9	8	5	2	6
5	9	6	3	4	2	7	1	8
1	8	2	6	7	5	4	9	3
6	4	9	5	8	7	2	3	1
7	1	3	9	2	6	8	5	4
8	2	5	4	1	3	6	7	9

48 Easy

4	8	2	7	5	3	1	9	6
3	1	9	8	4	6	2	7	5
6	7	5	1	2	9	8	4	3
2	9	4	3	6	8	5	1	7
1	6	3	5	7	4	9	8	2
7	5	8	2	9	1	6	3	4
5	4	1	9	3	2	7	6	8
9	3	7	6	8	5	4	2	1
8	2	6	4	1	7	3	5	9

49 Easy

4	2	1	5	6	3	7	8	9
6	7	3	9	1	8	2	4	5
8	5	9	4	7	2	3	6	1
3	8	2	6	5	9	1	7	4
7	9	6	1	8	4	5	2	3
1	4	5	3	2	7	6	9	8
9	1	7	8	3	6	4	5	2
2	3	8	7	4	5	9	1	6
5	6	4	2	9	1	8	3	7

50 Easy

9	7	6	3	4	1	5	2	8
1	5	8	2	6	7	9	4	3
4	2	3	5	9	8	6	1	7
7	1	2	8	3	6	4	5	9
5	3	4	1	7	9	8	6	2
8	6	9	4	2	5	7	3	1
2	4	7	6	8	3	1	9	5
3	9	1	7	5	4	2	8	6
6	8	5	9	1	2	3	7	4

51 Easy

2	5	9	3	4	1	6	7	8
1	4	6	8	7	2	9	3	5
7	8	3	5	9	6	2	4	1
4	6	7	9	3	8	5	1	2
8	9	1	4	2	5	3	6	7
5	3	2	1	6	7	4	8	9
3	1	4	2	8	9	7	5	6
6	2	8	7	5	3	1	9	4
9	7	5	6	1	4	8	2	3

52 Easy

6	3	5	7	1	9	2	8	4
2	1	7	8	3	4	5	9	6
9	4	8	6	5	2	1	7	3
7	9	3	5	8	6	4	2	1
8	6	1	4	2	3	7	5	9
4	5	2	1	9	7	3	6	8
3	8	9	2	7	1	6	4	5
1	7	4	9	6	5	8	3	2
5	2	6	3	4	8	9	1	7

53 Easy

5	6	3	1	9	7	4	8	2
8	4	9	2	3	5	7	1	6
7	2	1	4	6	8	3	5	9
3	5	2	8	1	9	6	7	4
9	8	6	7	4	2	5	3	1
1	7	4	3	5	6	2	9	8
6	3	8	9	7	4	1	2	5
2	1	5	6	8	3	9	4	7
4	9	7	5	2	1	8	6	3

54 Easy

8	6	5	2	9	4	1	3	7
9	3	4	1	7	8	5	6	2
2	7	1	6	5	3	4	8	9
3	5	2	9	4	1	6	7	8
7	4	6	8	2	5	9	1	3
1	9	8	3	6	7	2	5	4
4	1	7	5	8	2	3	9	6
6	8	3	4	1	9	7	2	5
5	2	9	7	3	6	8	4	1

55 Easy

1	2	8	9	6	7	3	5	4
4	9	7	5	8	3	6	2	1
3	5	6	2	4	1	8	9	7
8	4	1	3	7	9	2	6	5
2	6	5	4	1	8	7	3	9
9	7	3	6	5	2	1	4	8
5	1	4	8	3	6	9	7	2
7	3	9	1	2	5	4	8	6
6	8	2	7	9	4	5	1	3

56 Easy

5	6	3	9	8	2	7	4	1
1	8	2	7	4	3	6	9	5
4	7	9	5	6	1	3	8	2
2	4	7	1	9	8	5	6	3
8	9	5	2	3	6	1	7	4
6	3	1	4	7	5	9	2	8
7	1	8	6	5	4	2	3	9
3	5	6	8	2	9	4	1	7
9	2	4	3	1	7	8	5	6

57 Easy

2	4	6	3	5	7	9	8	1
3	7	1	4	9	8	2	5	6
9	5	8	2	1	6	4	7	3
5	9	3	6	8	2	7	1	4
1	8	7	9	4	3	5	6	2
4	6	2	5	7	1	8	3	9
7	1	4	8	6	9	3	2	5
6	2	5	7	3	4	1	9	8
8	3	9	1	2	5	6	4	7

58 Easy

3	6	7	9	4	1	2	8	5
2	8	1	7	6	5	4	9	3
4	5	9	8	2	3	6	7	1
6	3	5	4	1	9	7	2	8
9	1	8	2	5	7	3	4	6
7	4	2	6	3	8	1	5	9
8	9	6	1	7	4	5	3	2
5	2	4	3	9	6	8	1	7
1	7	3	5	8	2	9	6	4

59 Easy

1	7	2	8	3	5	9	4	6
3	9	5	6	4	1	2	8	7
6	4	8	2	9	7	1	5	3
4	8	3	1	6	9	7	2	5
5	6	7	4	2	3	8	9	1
9	2	1	7	5	8	6	3	4
2	3	4	9	1	6	5	7	8
7	1	9	5	8	4	3	6	2
8	5	6	3	7	2	4	1	9

60 Easy

6	9	3	8	5	7	1	2	4
7	2	4	6	1	3	5	9	8
8	5	1	4	9	2	7	6	3
2	1	8	5	3	6	4	7	9
3	6	7	2	4	9	8	5	1
5	4	9	1	7	8	6	3	2
4	8	2	9	6	5	3	1	7
9	7	5	3	8	1	2	4	6
1	3	6	7	2	4	9	8	5

61 Easy

3	9	1	2	6	8	7	5	4
7	2	4	5	3	1	9	6	8
6	8	5	4	9	7	2	3	1
8	3	2	9	7	4	5	1	6
5	7	6	1	8	2	4	9	3
1	4	9	6	5	3	8	2	7
2	6	8	3	4	9	1	7	5
4	1	3	7	2	5	6	8	9
9	5	7	8	1	6	3	4	2

62 Easy

9	6	4	2	8	7	1	3	5
7	3	8	1	5	6	4	9	2
1	2	5	4	9	3	6	7	8
6	8	1	9	4	5	7	2	3
2	5	9	3	7	1	8	6	4
3	4	7	8	6	2	9	5	1
8	1	6	5	2	9	3	4	7
4	9	2	7	3	8	5	1	6
5	7	3	6	1	4	2	8	9

63 Easy

1	5	6	4	3	7	2	8	9
2	3	8	6	9	1	7	4	5
7	9	4	2	8	5	3	6	1
4	8	9	7	1	2	6	5	3
6	2	3	8	5	9	1	7	4
5	7	1	3	6	4	9	2	8
3	4	5	9	2	6	8	1	7
8	6	7	1	4	3	5	9	2
9	1	2	5	7	8	4	3	6

64 Easy

2	7	5	1	9	4	3	8	6
1	3	9	8	6	7	5	2	4
8	6	4	5	2	3	1	9	7
9	2	8	7	3	6	4	5	1
7	5	6	2	4	1	9	3	8
4	1	3	9	8	5	6	7	2
5	4	2	3	1	8	7	6	9
3	9	1	6	7	2	8	4	5
6	8	7	4	5	9	2	1	3

65 Easy

4	2	8	3	6	1	9	7	5
7	5	6	9	2	8	3	4	1
9	1	3	7	4	5	2	6	8
6	3	4	8	7	2	1	5	9
8	9	1	5	3	6	7	2	4
5	7	2	1	9	4	8	3	6
2	4	7	6	8	9	5	1	3
1	6	9	2	5	3	4	8	7
3	8	5	4	1	7	6	9	2

66 Easy

9	2	5	6	8	3	7	4	1
6	3	1	9	4	7	8	5	2
8	4	7	5	1	2	3	6	9
1	6	3	8	2	9	4	7	5
5	8	4	7	3	1	2	9	6
7	9	2	4	5	6	1	8	3
4	1	8	2	9	5	6	3	7
2	5	6	3	7	8	9	1	4
3	7	9	1	6	4	5	2	8

67 Easy

9	7	8	3	2	5	6	4	1
3	1	4	6	7	9	8	5	2
2	6	5	8	1	4	9	7	3
8	3	1	7	9	6	4	2	5
4	9	6	2	5	3	1	8	7
7	5	2	1	4	8	3	9	6
5	4	7	9	6	1	2	3	8
1	2	3	4	8	7	5	6	9
6	8	9	5	3	2	7	1	4

68 Easy

5	3	9	4	7	1	6	2	8
7	2	6	8	3	5	9	1	4
1	8	4	2	6	9	3	7	5
6	1	7	9	2	4	8	5	3
4	5	3	7	1	8	2	9	6
2	9	8	6	5	3	7	4	1
8	6	1	5	9	2	4	3	7
9	7	5	3	4	6	1	8	2
3	4	2	1	8	7	5	6	9

69 Easy

1	3	7	9	4	8	5	6	2
2	9	5	6	1	3	7	4	8
8	4	6	2	5	7	1	9	3
9	8	1	4	7	2	6	3	5
4	7	3	5	9	6	8	2	1
6	5	2	8	3	1	4	7	9
3	6	8	7	2	5	9	1	4
7	2	9	1	8	4	3	5	6
5	1	4	3	6	9	2	8	7

70 Easy

4	9	1	8	6	5	3	2	7
2	6	3	4	7	9	1	5	8
5	7	8	3	2	1	6	9	4
1	3	9	7	5	2	4	8	6
7	8	5	6	1	4	2	3	9
6	4	2	9	3	8	7	1	5
3	5	4	1	9	7	8	6	2
8	2	6	5	4	3	9	7	1
9	1	7	2	8	6	5	4	3

71 Easy

4	7	2	8	1	5	6	9	3
3	5	6	7	9	4	1	8	2
8	1	9	3	6	2	5	7	4
9	4	1	6	8	7	2	3	5
6	2	3	5	4	9	7	1	8
5	8	7	2	3	1	4	6	9
2	6	5	9	7	8	3	4	1
7	9	4	1	2	3	8	5	6
1	3	8	4	5	6	9	2	7

72 Easy

5	2	7	6	8	1	9	4	3
6	9	4	3	2	5	1	7	8
3	1	8	4	7	9	6	5	2
7	3	2	9	6	8	5	1	4
8	5	6	7	1	4	3	2	9
1	4	9	2	5	3	8	6	7
9	7	3	1	4	6	2	8	5
4	6	5	8	3	2	7	9	1
2	8	1	5	9	7	4	3	6

73 Easy

7	1	5	3	9	2	6	4	8
2	3	9	8	4	6	1	7	5
4	8	6	7	5	1	3	2	9
8	2	1	6	3	9	4	5	7
3	9	4	5	1	7	8	6	2
5	6	7	4	2	8	9	3	1
1	4	3	2	8	5	7	9	6
9	7	2	1	6	3	5	8	4
6	5	8	9	7	4	2	1	3

74 Easy

4	1	3	2	9	7	5	6	8
2	5	6	1	4	8	7	3	9
8	7	9	3	5	6	2	1	4
1	2	5	9	3	4	6	8	7
9	6	4	7	8	5	3	2	1
7	3	8	6	2	1	9	4	5
6	8	1	5	7	3	4	9	2
5	4	2	8	6	9	1	7	3
3	9	7	4	1	2	8	5	6

75 Easy

4	1	7	6	5	9	2	3	8
6	9	5	2	3	8	1	4	7
3	2	8	4	1	7	9	6	5
9	7	2	3	8	6	4	5	1
1	5	6	7	4	2	3	8	9
8	4	3	5	9	1	7	2	6
7	3	9	8	6	4	5	1	2
2	6	4	1	7	5	8	9	3
5	8	1	9	2	3	6	7	4

76 Easy

6	8	7	5	1	2	4	9	3
3	2	5	9	4	6	8	7	1
1	9	4	3	8	7	6	5	2
4	5	6	1	9	3	7	2	8
9	1	2	8	7	4	3	6	5
7	3	8	2	6	5	1	4	9
5	6	3	4	2	8	9	1	7
8	7	1	6	5	9	2	3	4
2	4	9	7	3	1	5	8	6

77 Easy

8	4	3	2	9	7	6	5	1
7	9	6	1	4	5	3	8	2
5	1	2	6	8	3	7	4	9
3	7	1	9	5	8	2	6	4
2	5	9	4	1	6	8	7	3
4	6	8	3	7	2	9	1	5
1	2	5	8	6	9	4	3	7
6	3	7	5	2	4	1	9	8
9	8	4	7	3	1	5	2	6

78 Easy

6	1	8	4	7	3	9	5	2
9	2	5	8	1	6	4	7	3
4	7	3	2	5	9	8	1	6
5	3	2	7	9	4	1	6	8
8	9	7	3	6	1	2	4	5
1	4	6	5	8	2	7	3	9
2	8	4	6	3	7	5	9	1
3	5	9	1	4	8	6	2	7
7	6	1	9	2	5	3	8	4

79 Easy

6	2	1	5	9	4	3	8	7
4	9	8	3	1	7	2	5	6
3	7	5	8	2	6	1	9	4
7	4	2	6	3	9	5	1	8
5	6	3	4	8	1	7	2	9
8	1	9	2	7	5	4	6	3
9	5	6	7	4	2	8	3	1
1	3	7	9	5	8	6	4	2
2	8	4	1	6	3	9	7	5

80 Easy

5	7	4	6	9	2	3	1	8
2	3	6	8	1	7	9	4	5
9	1	8	4	3	5	6	2	7
4	5	1	2	8	9	7	3	6
6	9	3	7	4	1	5	8	2
8	2	7	5	6	3	1	9	4
3	4	2	9	7	6	8	5	1
1	6	5	3	2	8	4	7	9
7	8	9	1	5	4	2	6	3

81 Easy

6	1	3	8	5	9	7	2	4
2	7	4	6	3	1	5	9	8
9	5	8	4	2	7	1	6	3
1	4	9	2	7	6	8	3	5
3	2	5	9	4	8	6	7	1
7	8	6	3	1	5	2	4	9
4	6	2	5	8	3	9	1	7
5	9	7	1	6	4	3	8	2
8	3	1	7	9	2	4	5	6

82 Easy

5	7	6	4	2	3	1	8	9
2	8	3	9	7	1	6	5	4
1	9	4	8	6	5	2	3	7
6	5	1	7	3	8	9	4	2
9	4	7	1	5	2	8	6	3
3	2	8	6	9	4	5	7	1
8	3	2	5	1	7	4	9	6
7	6	5	2	4	9	3	1	8
4	1	9	3	8	6	7	2	5

83 Easy

1	7	6	9	8	5	2	4	3
4	2	5	1	6	3	7	9	8
3	9	8	2	7	4	5	6	1
6	3	7	5	9	1	4	8	2
9	1	4	3	2	8	6	5	7
8	5	2	6	4	7	3	1	9
5	8	1	7	3	6	9	2	4
7	6	9	4	1	2	8	3	5
2	4	3	8	5	9	1	7	6

84 Easy

2	5	3	8	6	7	1	9	4
8	6	1	4	9	2	7	5	3
9	4	7	5	3	1	6	2	8
4	7	8	6	2	9	5	3	1
3	9	5	1	8	4	2	7	6
6	1	2	7	5	3	4	8	9
5	2	4	3	1	8	9	6	7
1	3	6	9	7	5	8	4	2
7	8	9	2	4	6	3	1	5

85 Easy

5	4	8	6	7	2	1	9	3
1	9	2	3	8	4	6	5	7
6	7	3	1	9	5	4	8	2
8	6	7	9	2	1	5	3	4
4	2	1	8	5	3	9	7	6
9	3	5	4	6	7	8	2	1
2	1	9	7	4	8	3	6	5
3	5	6	2	1	9	7	4	8
7	8	4	5	3	6	2	1	9

86 Easy

8	4	9	7	3	6	2	1	5
6	5	3	2	1	9	8	4	7
2	1	7	5	4	8	3	6	9
7	2	4	3	8	1	5	9	6
1	3	8	9	6	5	4	7	2
5	9	6	4	7	2	1	8	3
9	7	2	8	5	4	6	3	1
3	8	1	6	2	7	9	5	4
4	6	5	1	9	3	7	2	8

87 Easy

1	5	9	7	6	2	3	8	4
7	4	8	5	9	3	2	1	6
2	6	3	1	8	4	9	7	5
6	3	7	9	2	1	4	5	8
4	9	1	3	5	8	7	6	2
5	8	2	4	7	6	1	3	9
8	1	4	2	3	5	6	9	7
3	7	5	6	4	9	8	2	1
9	2	6	8	1	7	5	4	3

88 Easy

6	5	2	7	8	3	9	4	1
7	3	9	4	5	1	2	6	8
1	4	8	9	2	6	3	5	7
5	7	1	6	4	9	8	3	2
4	2	3	1	7	8	5	9	6
9	8	6	2	3	5	1	7	4
2	1	4	3	9	7	6	8	5
3	6	5	8	1	4	7	2	9
8	9	7	5	6	2	4	1	3

89 Easy

7	1	2	3	4	6	8	9	5
4	6	5	8	9	2	7	3	1
3	9	8	7	1	5	4	2	6
2	8	7	9	5	1	6	4	3
5	4	1	2	6	3	9	7	8
9	3	6	4	8	7	5	1	2
8	5	9	1	2	4	3	6	7
1	7	4	6	3	8	2	5	9
6	2	3	5	7	9	1	8	4

90 Easy

5	9	8	2	3	1	4	6	7
4	7	2	9	6	5	1	3	8
3	1	6	7	4	8	5	2	9
8	6	7	3	5	4	9	1	2
1	4	3	8	2	9	7	5	6
2	5	9	1	7	6	8	4	3
7	2	1	5	8	3	6	9	4
9	3	4	6	1	7	2	8	5
6	8	5	4	9	2	3	7	1

91 Easy

9	8	2	6	1	4	5	7	3
3	6	4	5	7	8	2	9	1
5	1	7	2	9	3	4	6	8
8	5	1	4	3	7	9	2	6
7	2	3	9	8	6	1	4	5
6	4	9	1	2	5	3	8	7
1	7	8	3	4	2	6	5	9
2	9	6	8	5	1	7	3	4
4	3	5	7	6	9	8	1	2

92 Easy

3	6	4	8	5	1	2	7	9
1	2	8	7	6	9	3	5	4
7	5	9	2	3	4	1	6	8
8	7	1	9	2	6	4	3	5
5	4	2	3	7	8	6	9	1
6	9	3	1	4	5	8	2	7
2	8	7	4	9	3	5	1	6
9	1	6	5	8	2	7	4	3
4	3	5	6	1	7	9	8	2

93 Easy

5	4	1	9	2	8	3	6	7
9	2	3	7	6	4	1	5	8
6	8	7	1	5	3	9	2	4
8	3	9	2	1	7	6	4	5
1	6	2	3	4	5	7	8	9
7	5	4	8	9	6	2	3	1
2	1	6	5	8	9	4	7	3
4	7	8	6	3	1	5	9	2
3	9	5	4	7	2	8	1	6

94 Easy

5	2	9	7	1	6	8	3	4
8	7	4	3	9	5	1	6	2
6	1	3	4	2	8	5	9	7
2	8	6	5	4	3	7	1	9
4	3	7	9	8	1	2	5	6
9	5	1	2	6	7	4	8	3
3	6	5	8	7	2	9	4	1
7	9	8	1	3	4	6	2	5
1	4	2	6	5	9	3	7	8

95 Easy

6	1	7	2	3	5	4	9	8
4	5	8	7	9	6	2	3	1
3	2	9	1	4	8	5	6	7
2	7	3	9	1	4	6	8	5
1	6	4	5	8	2	9	7	3
9	8	5	6	7	3	1	4	2
5	4	2	8	6	7	3	1	9
8	3	1	4	2	9	7	5	6
7	9	6	3	5	1	8	2	4

96 Easy

1	5	6	7	4	2	9	3	8
8	4	2	1	9	3	5	7	6
3	9	7	8	5	6	4	2	1
4	1	3	9	6	7	8	5	2
6	2	8	5	3	1	7	9	4
5	7	9	4	2	8	1	6	3
7	3	1	2	8	9	6	4	5
2	8	4	6	7	5	3	1	9
9	6	5	3	1	4	2	8	7

97 Easy

8	9	7	4	1	3	2	5	6
4	5	1	2	9	6	7	3	8
2	3	6	7	8	5	1	9	4
7	1	5	9	6	4	8	2	3
6	8	9	5	3	2	4	7	1
3	4	2	1	7	8	9	6	5
5	2	3	8	4	7	6	1	9
9	6	8	3	2	1	5	4	7
1	7	4	6	5	9	3	8	2

98 Easy

6	2	9	7	8	4	1	3	5
7	8	1	5	3	2	6	9	4
3	5	4	1	6	9	2	8	7
2	6	8	4	9	5	3	7	1
4	1	7	3	2	8	9	5	6
9	3	5	6	7	1	8	4	2
8	4	2	9	1	7	5	6	3
1	7	3	8	5	6	4	2	9
5	9	6	2	4	3	7	1	8

99 Easy

6	4	2	3	1	7	5	8	9
9	3	5	8	2	6	7	1	4
8	7	1	5	9	4	3	2	6
1	5	7	4	3	8	9	6	2
4	2	6	9	5	1	8	7	3
3	9	8	7	6	2	1	4	5
2	1	9	6	8	3	4	5	7
7	6	3	1	4	5	2	9	8
5	8	4	2	7	9	6	3	1

100 Easy

7	6	8	1	9	3	2	4	5
1	3	2	7	4	5	9	6	8
9	4	5	2	6	8	7	3	1
4	1	6	9	8	2	3	5	7
8	5	7	4	3	1	6	2	9
3	2	9	5	7	6	8	1	4
5	9	1	6	2	7	4	8	3
2	8	4	3	5	9	1	7	6
6	7	3	8	1	4	5	9	2

101 Medium

9	8	4	2	6	3	5	1	7
5	6	3	9	1	7	2	4	8
1	2	7	5	8	4	3	6	9
8	7	1	4	2	6	9	3	5
6	5	9	1	3	8	4	7	2
3	4	2	7	5	9	6	8	1
4	1	5	3	7	2	8	9	6
2	3	8	6	9	1	7	5	4
7	9	6	8	4	5	1	2	3

102 Medium

8	4	2	6	1	3	7	9	5
9	1	6	7	5	8	2	3	4
7	5	3	9	2	4	6	8	1
5	9	7	8	3	1	4	6	2
3	2	4	5	9	6	1	7	8
1	6	8	4	7	2	9	5	3
6	7	1	2	8	5	3	4	9
2	8	9	3	4	7	5	1	6
4	3	5	1	6	9	8	2	7

103 Medium

8	4	9	1	5	2	7	6	3
2	6	1	7	4	3	9	8	5
5	7	3	8	9	6	2	4	1
7	3	8	5	1	4	6	2	9
1	5	2	9	6	8	3	7	4
4	9	6	3	2	7	5	1	8
6	8	5	2	3	1	4	9	7
3	1	4	6	7	9	8	5	2
9	2	7	4	8	5	1	3	6

104 Medium

1	7	9	3	6	8	5	2	4
5	4	2	1	9	7	6	8	3
8	3	6	4	5	2	9	1	7
6	8	4	2	1	9	3	7	5
9	2	3	5	7	6	1	4	8
7	1	5	8	3	4	2	9	6
3	5	8	7	2	1	4	6	9
2	9	7	6	4	3	8	5	1
4	6	1	9	8	5	7	3	2

105 Medium

4	9	8	6	5	7	1	3	2
5	7	2	1	3	8	4	6	9
3	1	6	4	2	9	5	7	8
2	4	3	7	6	5	8	9	1
9	8	7	3	1	4	2	5	6
1	6	5	9	8	2	7	4	3
7	5	1	2	9	3	6	8	4
8	2	9	5	4	6	3	1	7
6	3	4	8	7	1	9	2	5

106 Medium

6	1	9	3	4	8	5	2	7
8	3	4	2	5	7	6	1	9
7	5	2	1	9	6	3	4	8
3	7	1	4	8	9	2	6	5
5	4	8	7	6	2	1	9	3
2	9	6	5	1	3	7	8	4
9	8	7	6	2	5	4	3	1
1	6	3	8	7	4	9	5	2
4	2	5	9	3	1	8	7	6

107 Medium

5	6	3	2	7	8	1	4	9
9	8	1	3	5	4	7	6	2
7	4	2	1	9	6	3	5	8
3	7	8	9	4	2	5	1	6
2	5	4	7	6	1	8	9	3
6	1	9	5	8	3	2	7	4
8	2	5	4	1	9	6	3	7
4	3	7	6	2	5	9	8	1
1	9	6	8	3	7	4	2	5

108 Medium

3	6	1	5	8	9	7	4	2
8	2	9	7	4	3	5	6	1
7	4	5	6	1	2	9	8	3
4	3	7	2	6	5	1	9	8
1	5	6	9	3	8	2	7	4
9	8	2	4	7	1	3	5	6
2	7	3	8	5	6	4	1	9
5	1	8	3	9	4	6	2	7
6	9	4	1	2	7	8	3	5

109 Medium

4	1	7	8	5	6	3	2	9
3	2	8	4	9	1	5	6	7
5	9	6	7	3	2	4	8	1
1	4	9	6	2	7	8	5	3
7	8	2	3	4	5	9	1	6
6	5	3	9	1	8	2	7	4
2	7	4	1	8	3	6	9	5
8	3	1	5	6	9	7	4	2
9	6	5	2	7	4	1	3	8

110 Medium

7	9	1	3	4	8	2	5	6
6	5	8	9	1	2	4	7	3
3	2	4	5	6	7	8	1	9
2	6	5	1	9	4	7	3	8
4	8	7	6	2	3	1	9	5
9	1	3	8	7	5	6	4	2
8	4	6	7	3	9	5	2	1
1	7	9	2	5	6	3	8	4
5	3	2	4	8	1	9	6	7

111 Medium

6	9	5	3	4	7	8	2	1
4	8	7	9	2	1	5	6	3
1	3	2	6	5	8	7	9	4
7	6	1	5	8	3	9	4	2
5	4	8	2	1	9	6	3	7
3	2	9	4	7	6	1	5	8
8	5	6	7	3	2	4	1	9
2	7	4	1	9	5	3	8	6
9	1	3	8	6	4	2	7	5

112 Medium

3	9	2	6	4	7	8	5	1
4	8	1	9	5	3	6	7	2
6	5	7	8	1	2	3	4	9
5	7	6	2	3	1	9	8	4
8	3	4	5	9	6	2	1	7
2	1	9	7	8	4	5	3	6
9	4	8	1	2	5	7	6	3
1	6	5	3	7	9	4	2	8
7	2	3	4	6	8	1	9	5

113 Medium

1	5	7	9	2	3	4	6	8
9	8	2	6	4	5	1	7	3
4	3	6	8	7	1	2	5	9
8	6	4	5	1	9	3	2	7
5	7	9	2	3	6	8	4	1
3	2	1	7	8	4	5	9	6
7	9	3	1	5	2	6	8	4
2	1	8	4	6	7	9	3	5
6	4	5	3	9	8	7	1	2

114 Medium

1	8	5	3	2	4	9	7	6
3	9	4	7	6	5	8	1	2
2	6	7	8	1	9	3	5	4
4	7	3	2	9	8	1	6	5
8	1	2	5	4	6	7	3	9
9	5	6	1	7	3	2	4	8
6	3	8	9	5	1	4	2	7
7	4	9	6	3	2	5	8	1
5	2	1	4	8	7	6	9	3

115 Medium

6	5	4	9	1	8	7	2	3
9	1	8	2	3	7	4	6	5
7	3	2	5	6	4	1	9	8
2	4	1	7	8	5	6	3	9
3	9	6	4	2	1	8	5	7
5	8	7	6	9	3	2	4	1
1	7	9	3	4	2	5	8	6
8	2	3	1	5	6	9	7	4
4	6	5	8	7	9	3	1	2

116 Medium

5	4	1	2	8	3	9	6	7
3	9	8	7	5	6	1	2	4
6	7	2	9	4	1	5	8	3
4	8	5	6	7	9	3	1	2
7	2	3	8	1	4	6	9	5
9	1	6	5	3	2	4	7	8
8	6	4	1	2	5	7	3	9
2	5	9	3	6	7	8	4	1
1	3	7	4	9	8	2	5	6

117 Medium

9	1	7	4	6	3	5	8	2
4	5	2	1	8	9	7	6	3
3	8	6	5	2	7	4	1	9
8	9	5	7	4	1	2	3	6
1	2	4	8	3	6	9	7	5
6	7	3	2	9	5	1	4	8
7	3	1	6	5	2	8	9	4
5	4	9	3	1	8	6	2	7
2	6	8	9	7	4	3	5	1

118 Medium

8	5	4	9	3	7	2	6	1
9	1	6	8	2	4	7	5	3
2	7	3	6	5	1	8	9	4
5	2	1	4	6	8	9	3	7
4	8	7	5	9	3	6	1	2
6	3	9	1	7	2	5	4	8
3	6	2	7	1	5	4	8	9
1	9	8	2	4	6	3	7	5
7	4	5	3	8	9	1	2	6

119 Medium

8	5	4	3	7	1	6	9	2
7	3	1	6	2	9	4	8	5
6	2	9	8	5	4	7	1	3
1	9	5	7	6	8	3	2	4
2	4	7	1	9	3	8	5	6
3	8	6	2	4	5	9	7	1
5	6	3	9	8	2	1	4	7
9	1	2	4	3	7	5	6	8
4	7	8	5	1	6	2	3	9

120 Medium

2	1	8	9	6	4	3	7	5
6	4	3	5	2	7	1	8	9
5	7	9	1	3	8	4	6	2
9	6	5	7	4	3	8	2	1
3	2	7	8	5	1	9	4	6
1	8	4	6	9	2	7	5	3
8	5	1	2	7	9	6	3	4
4	9	2	3	8	6	5	1	7
7	3	6	4	1	5	2	9	8

121 Medium

4	1	3	7	6	9	8	2	5
6	8	7	5	2	4	9	1	3
9	5	2	3	8	1	7	4	6
3	2	5	1	9	6	4	8	7
1	7	4	8	3	5	6	9	2
8	6	9	4	7	2	3	5	1
5	9	8	6	1	3	2	7	4
2	4	6	9	5	7	1	3	8
7	3	1	2	4	8	5	6	9

122 Medium

2	8	3	4	1	9	5	6	7
4	5	7	2	8	6	3	1	9
1	9	6	7	5	3	4	8	2
5	7	4	6	2	1	9	3	8
9	1	2	8	3	7	6	4	5
6	3	8	5	9	4	2	7	1
8	6	9	3	7	5	1	2	4
7	4	5	1	6	2	8	9	3
3	2	1	9	4	8	7	5	6

123 Medium

1	3	2	5	6	7	9	8	4
4	6	5	9	8	1	7	3	2
8	7	9	3	2	4	1	5	6
6	5	4	2	3	9	8	1	7
3	1	7	6	4	8	5	2	9
9	2	8	7	1	5	6	4	3
2	9	3	1	5	6	4	7	8
7	4	1	8	9	2	3	6	5
5	8	6	4	7	3	2	9	1

124 Medium

4	8	7	1	6	5	3	2	9
3	6	2	4	8	9	1	5	7
5	9	1	7	3	2	8	4	6
6	5	3	2	4	1	7	9	8
1	2	9	8	7	6	4	3	5
7	4	8	9	5	3	6	1	2
9	7	4	3	2	8	5	6	1
2	3	6	5	1	7	9	8	4
8	1	5	6	9	4	2	7	3

125 Medium

7	1	9	5	2	4	8	6	3
3	4	6	8	7	1	2	9	5
8	2	5	6	3	9	4	7	1
2	6	7	9	5	3	1	8	4
4	5	8	1	6	2	9	3	7
9	3	1	7	4	8	6	5	2
6	9	3	4	1	5	7	2	8
1	7	2	3	8	6	5	4	9
5	8	4	2	9	7	3	1	6

126 Medium

6	1	7	3	5	8	4	9	2
5	2	9	1	4	7	3	8	6
8	3	4	9	6	2	5	7	1
1	4	3	5	9	6	8	2	7
2	9	8	4	7	1	6	5	3
7	6	5	2	8	3	9	1	4
4	8	2	6	1	5	7	3	9
3	5	6	7	2	9	1	4	8
9	7	1	8	3	4	2	6	5

127 Medium

6	5	3	9	4	8	7	2	1
9	1	8	7	2	5	3	6	4
4	7	2	6	3	1	8	9	5
7	3	4	5	6	2	9	1	8
5	6	9	1	8	4	2	7	3
2	8	1	3	9	7	4	5	6
8	2	5	4	7	6	1	3	9
3	4	6	2	1	9	5	8	7
1	9	7	8	5	3	6	4	2

128 Medium

6	5	7	9	2	8	1	3	4
3	9	8	1	7	4	6	2	5
2	4	1	5	3	6	7	9	8
8	7	2	3	9	1	5	4	6
9	6	4	8	5	2	3	1	7
5	1	3	4	6	7	2	8	9
4	8	6	7	1	3	9	5	2
7	3	9	2	4	5	8	6	1
1	2	5	6	8	9	4	7	3

129 Medium

2	1	4	9	7	8	6	5	3
3	8	7	5	2	6	1	9	4
9	5	6	3	4	1	2	7	8
4	6	2	1	8	7	9	3	5
7	9	8	6	5	3	4	2	1
5	3	1	2	9	4	8	6	7
6	4	5	8	3	2	7	1	9
1	7	9	4	6	5	3	8	2
8	2	3	7	1	9	5	4	6

130 Medium

5	8	1	4	7	6	2	3	9
2	9	6	1	5	3	4	8	7
3	4	7	2	9	8	5	1	6
1	3	8	6	2	7	9	4	5
4	5	2	9	8	1	6	7	3
7	6	9	3	4	5	1	2	8
8	7	4	5	6	2	3	9	1
9	1	5	8	3	4	7	6	2
6	2	3	7	1	9	8	5	4

131 Medium

6	9	5	7	1	3	8	4	2
7	1	2	8	4	6	3	9	5
4	8	3	2	9	5	7	1	6
8	6	1	9	3	7	2	5	4
3	5	4	6	8	2	9	7	1
2	7	9	1	5	4	6	8	3
1	3	7	5	2	9	4	6	8
9	2	8	4	6	1	5	3	7
5	4	6	3	7	8	1	2	9

132 Medium

2	4	7	6	8	5	1	3	9
9	8	3	4	7	1	6	5	2
5	1	6	9	2	3	8	7	4
6	7	2	8	1	4	3	9	5
1	3	8	7	5	9	2	4	6
4	9	5	2	3	6	7	8	1
7	5	1	3	4	2	9	6	8
3	6	4	1	9	8	5	2	7
8	2	9	5	6	7	4	1	3

133 Medium

6	2	1	4	9	5	3	8	7
5	9	7	8	1	3	2	4	6
8	3	4	7	6	2	1	5	9
4	6	3	2	7	9	5	1	8
9	5	8	1	3	4	7	6	2
7	1	2	5	8	6	4	9	3
1	4	6	3	2	8	9	7	5
2	7	9	6	5	1	8	3	4
3	8	5	9	4	7	6	2	1

134 Medium

6	7	3	4	2	9	1	5	8
9	8	1	5	3	6	2	4	7
4	5	2	1	7	8	9	6	3
7	2	5	6	8	3	4	9	1
1	9	8	7	4	5	6	3	2
3	4	6	9	1	2	7	8	5
8	3	7	2	9	4	5	1	6
2	6	9	8	5	1	3	7	4
5	1	4	3	6	7	8	2	9

135 Medium

5	3	6	4	9	1	2	8	7
8	4	9	5	7	2	1	6	3
7	2	1	8	3	6	5	4	9
6	1	4	2	5	3	7	9	8
9	5	8	7	1	4	3	2	6
3	7	2	9	6	8	4	1	5
1	9	3	6	4	5	8	7	2
2	6	5	1	8	7	9	3	4
4	8	7	3	2	9	6	5	1

136 Medium

9	8	5	1	4	2	3	7	6
6	7	1	9	3	5	2	4	8
3	4	2	7	6	8	5	9	1
7	2	3	4	8	9	6	1	5
1	5	6	2	7	3	9	8	4
4	9	8	5	1	6	7	2	3
5	1	4	3	9	7	8	6	2
8	3	9	6	2	4	1	5	7
2	6	7	8	5	1	4	3	9

137 Medium

4	8	3	6	1	9	2	5	7
5	1	2	4	3	7	9	6	8
7	6	9	5	2	8	4	1	3
9	4	1	3	8	6	7	2	5
6	2	7	9	4	5	3	8	1
8	3	5	2	7	1	6	9	4
1	7	4	8	9	2	5	3	6
2	5	8	7	6	3	1	4	9
3	9	6	1	5	4	8	7	2

138 Medium

5	2	9	1	3	8	4	6	7
4	6	1	9	2	7	3	8	5
8	3	7	6	4	5	2	9	1
9	7	3	5	1	4	8	2	6
1	5	2	3	8	6	7	4	9
6	8	4	2	7	9	5	1	3
2	4	5	7	9	1	6	3	8
3	9	6	8	5	2	1	7	4
7	1	8	4	6	3	9	5	2

139 Medium

6	2	9	7	3	5	8	1	4
8	5	4	2	1	6	7	9	3
1	3	7	4	8	9	6	5	2
2	4	1	6	9	3	5	7	8
3	7	6	5	4	8	9	2	1
9	8	5	1	2	7	4	3	6
7	1	8	3	5	4	2	6	9
4	6	2	9	7	1	3	8	5
5	9	3	8	6	2	1	4	7

140 Medium

4	8	2	6	1	3	5	7	9
9	3	7	5	4	8	6	1	2
5	1	6	9	2	7	8	3	4
3	7	5	8	6	4	2	9	1
8	2	9	7	3	1	4	6	5
1	6	4	2	5	9	3	8	7
6	4	8	1	7	2	9	5	3
2	5	1	3	9	6	7	4	8
7	9	3	4	8	5	1	2	6

141 Medium

9	1	2	5	6	8	3	4	7
4	8	6	9	3	7	2	5	1
5	3	7	2	1	4	6	8	9
7	4	1	3	9	5	8	2	6
6	2	9	8	4	1	7	3	5
8	5	3	7	2	6	9	1	4
1	7	4	6	8	2	5	9	3
3	6	8	4	5	9	1	7	2
2	9	5	1	7	3	4	6	8

142 Medium

7	5	1	9	4	8	3	6	2
6	8	9	3	2	7	5	4	1
4	3	2	5	6	1	9	7	8
9	1	3	7	5	2	4	8	6
2	7	4	6	8	3	1	9	5
5	6	8	1	9	4	2	3	7
1	9	6	8	3	5	7	2	4
8	2	7	4	1	9	6	5	3
3	4	5	2	7	6	8	1	9

143 Medium

5	2	3	6	4	7	1	9	8
1	8	9	2	5	3	6	4	7
7	4	6	8	1	9	5	3	2
8	9	5	1	7	4	3	2	6
6	3	7	5	8	2	9	1	4
4	1	2	3	9	6	7	8	5
9	6	8	7	2	1	4	5	3
2	7	1	4	3	5	8	6	9
3	5	4	9	6	8	2	7	1

144 Medium

8	6	4	3	1	7	9	5	2
2	7	1	8	9	5	6	3	4
9	5	3	4	2	6	1	7	8
3	9	7	1	5	4	8	2	6
4	8	6	2	3	9	7	1	5
1	2	5	7	6	8	3	4	9
7	4	9	5	8	1	2	6	3
6	1	2	9	4	3	5	8	7
5	3	8	6	7	2	4	9	1

145 Medium

4	2	5	1	6	3	9	7	8
9	6	1	4	7	8	5	2	3
3	7	8	2	5	9	4	6	1
6	5	4	7	8	2	1	3	9
8	1	7	9	3	4	6	5	2
2	3	9	6	1	5	8	4	7
7	9	3	8	4	6	2	1	5
1	8	6	5	2	7	3	9	4
5	4	2	3	9	1	7	8	6

146 Medium

4	9	8	1	2	3	5	6	7
3	6	1	7	4	5	9	8	2
2	5	7	9	6	8	3	4	1
5	4	9	3	7	1	8	2	6
7	2	6	4	8	9	1	5	3
1	8	3	2	5	6	4	7	9
6	1	2	5	3	4	7	9	8
9	7	5	8	1	2	6	3	4
8	3	4	6	9	7	2	1	5

147 Medium

8	4	1	5	3	7	9	6	2
5	9	3	8	2	6	7	1	4
6	7	2	4	1	9	8	5	3
9	2	4	1	6	5	3	8	7
7	8	5	3	9	4	1	2	6
3	1	6	2	7	8	4	9	5
1	6	9	7	4	2	5	3	8
2	5	7	9	8	3	6	4	1
4	3	8	6	5	1	2	7	9

148 Medium

1	8	7	5	2	9	4	6	3
9	4	6	1	3	8	7	5	2
5	2	3	6	4	7	8	9	1
3	1	8	9	7	4	5	2	6
4	5	9	2	1	6	3	8	7
7	6	2	3	8	5	1	4	9
6	3	5	8	9	1	2	7	4
2	9	4	7	5	3	6	1	8
8	7	1	4	6	2	9	3	5

149 Medium

9	8	6	7	4	2	5	1	3
5	3	1	6	9	8	2	7	4
4	7	2	5	1	3	8	9	6
7	2	3	1	6	9	4	5	8
8	1	9	4	2	5	3	6	7
6	5	4	3	8	7	9	2	1
1	4	5	2	3	6	7	8	9
3	9	7	8	5	1	6	4	2
2	6	8	9	7	4	1	3	5

150 Medium

4	2	5	7	6	9	3	1	8
8	7	6	1	4	3	5	2	9
9	3	1	8	2	5	7	6	4
2	5	8	6	3	7	9	4	1
6	1	4	9	5	8	2	3	7
7	9	3	4	1	2	6	8	5
1	4	7	2	9	6	8	5	3
5	6	9	3	8	1	4	7	2
3	8	2	5	7	4	1	9	6

151 Medium

1	5	3	9	2	8	7	4	6
7	4	2	3	1	6	8	5	9
8	9	6	4	7	5	2	1	3
4	7	1	2	9	3	5	6	8
9	2	5	8	6	4	1	3	7
3	6	8	1	5	7	9	2	4
5	1	4	7	3	9	6	8	2
2	8	9	6	4	1	3	7	5
6	3	7	5	8	2	4	9	1

152 Medium

8	9	4	3	6	5	2	7	1
7	5	1	9	8	2	4	6	3
3	2	6	1	7	4	5	8	9
6	7	3	2	4	1	8	9	5
9	8	2	7	5	3	6	1	4
4	1	5	6	9	8	7	3	2
5	4	9	8	3	7	1	2	6
1	6	8	5	2	9	3	4	7
2	3	7	4	1	6	9	5	8

153 Medium

6	1	9	8	3	7	2	4	5
7	5	4	1	6	2	9	3	8
8	2	3	5	9	4	1	6	7
5	8	1	6	4	9	3	7	2
3	4	6	7	2	1	5	8	9
9	7	2	3	8	5	6	1	4
1	3	7	9	5	8	4	2	6
4	9	8	2	1	6	7	5	3
2	6	5	4	7	3	8	9	1

154 Medium

2	3	6	5	8	4	1	9	7
8	7	5	1	2	9	3	4	6
4	1	9	7	3	6	2	5	8
3	2	1	6	7	5	9	8	4
5	4	8	2	9	1	6	7	3
6	9	7	8	4	3	5	2	1
7	5	2	3	1	8	4	6	9
1	6	4	9	5	7	8	3	2
9	8	3	4	6	2	7	1	5

155 Medium

6	1	5	4	3	2	8	9	7
7	4	9	8	5	6	3	2	1
8	3	2	9	7	1	5	6	4
1	2	7	3	9	4	6	8	5
9	6	8	7	2	5	4	1	3
3	5	4	6	1	8	9	7	2
2	9	6	1	4	3	7	5	8
5	7	3	2	8	9	1	4	6
4	8	1	5	6	7	2	3	9

156 Medium

8	6	5	2	4	9	3	7	1
9	2	7	5	1	3	6	4	8
4	3	1	7	6	8	2	9	5
7	5	6	4	2	1	8	3	9
3	8	4	9	5	6	1	2	7
2	1	9	3	8	7	5	6	4
1	9	3	6	7	5	4	8	2
5	7	2	8	3	4	9	1	6
6	4	8	1	9	2	7	5	3

157 Medium

8	6	9	4	3	2	5	7	1
2	3	7	6	5	1	8	9	4
4	1	5	7	9	8	3	6	2
3	4	1	2	7	9	6	5	8
5	7	2	3	8	6	4	1	9
6	9	8	5	1	4	2	3	7
7	2	3	9	4	5	1	8	6
1	5	6	8	2	7	9	4	3
9	8	4	1	6	3	7	2	5

158 Medium

1	2	7	3	8	9	6	5	4
9	4	6	5	2	7	3	8	1
5	8	3	1	4	6	7	2	9
8	7	9	2	3	5	1	4	6
4	6	5	7	1	8	9	3	2
3	1	2	6	9	4	5	7	8
7	5	1	4	6	2	8	9	3
2	3	8	9	5	1	4	6	7
6	9	4	8	7	3	2	1	5

159 Medium

3	5	1	8	9	7	6	2	4
4	9	2	3	1	6	5	7	8
7	8	6	5	4	2	9	3	1
5	7	3	1	8	4	2	9	6
1	2	9	6	7	5	4	8	3
6	4	8	2	3	9	1	5	7
8	1	5	9	6	3	7	4	2
2	3	4	7	5	1	8	6	9
9	6	7	4	2	8	3	1	5

160 Medium

2	6	7	4	8	3	5	9	1
9	8	4	5	1	2	3	6	7
5	3	1	6	7	9	4	2	8
3	9	2	1	5	8	7	4	6
6	4	8	3	2	7	1	5	9
7	1	5	9	4	6	2	8	3
4	5	9	8	3	1	6	7	2
8	7	3	2	6	5	9	1	4
1	2	6	7	9	4	8	3	5

161 Medium

7	6	5	8	1	2	3	4	9
3	4	2	9	6	5	8	1	7
8	9	1	3	4	7	6	5	2
1	2	4	5	7	6	9	3	8
9	8	7	2	3	4	1	6	5
5	3	6	1	8	9	2	7	4
6	1	9	7	5	8	4	2	3
4	7	8	6	2	3	5	9	1
2	5	3	4	9	1	7	8	6

162 Medium

4	5	2	6	8	1	7	9	3
8	6	3	9	4	7	2	5	1
1	9	7	2	3	5	6	4	8
2	4	1	8	7	6	5	3	9
5	7	9	1	2	3	4	8	6
6	3	8	5	9	4	1	2	7
7	8	5	3	6	2	9	1	4
9	1	4	7	5	8	3	6	2
3	2	6	4	1	9	8	7	5

163 Medium

8	7	4	3	9	6	5	2	1
2	6	3	5	1	7	4	9	8
1	5	9	4	8	2	3	7	6
5	4	8	9	3	1	2	6	7
7	1	2	6	5	4	9	8	3
3	9	6	7	2	8	1	5	4
4	3	7	2	6	5	8	1	9
9	2	1	8	7	3	6	4	5
6	8	5	1	4	9	7	3	2

164 Medium

2	9	7	4	6	1	8	3	5
4	5	6	8	7	3	1	2	9
3	8	1	2	9	5	7	4	6
7	4	5	9	3	2	6	1	8
9	1	3	6	8	4	2	5	7
6	2	8	5	1	7	3	9	4
1	6	9	3	5	8	4	7	2
5	3	2	7	4	6	9	8	1
8	7	4	1	2	9	5	6	3

165 Medium

5	3	9	1	6	4	7	8	2
8	4	2	7	5	3	1	9	6
1	6	7	8	2	9	4	5	3
7	9	1	3	8	2	6	4	5
3	2	5	6	4	1	9	7	8
4	8	6	5	9	7	2	3	1
6	7	3	4	1	8	5	2	9
9	5	8	2	7	6	3	1	4
2	1	4	9	3	5	8	6	7

166 Medium

4	1	9	5	8	7	6	2	3
8	2	6	1	9	3	7	5	4
7	5	3	2	6	4	9	1	8
3	9	4	7	1	5	8	6	2
2	6	8	3	4	9	5	7	1
5	7	1	6	2	8	4	3	9
6	4	7	8	3	1	2	9	5
1	8	2	9	5	6	3	4	7
9	3	5	4	7	2	1	8	6

167 Medium

5	4	8	6	2	3	9	1	7
7	9	6	1	8	4	5	2	3
2	3	1	7	9	5	8	6	4
8	5	9	2	3	7	6	4	1
1	6	3	5	4	8	2	7	9
4	7	2	9	6	1	3	8	5
9	8	5	4	7	6	1	3	2
6	2	7	3	1	9	4	5	8
3	1	4	8	5	2	7	9	6

168 Medium

5	1	2	3	9	4	6	7	8
6	4	7	5	1	8	9	2	3
8	3	9	6	2	7	1	5	4
4	2	1	7	6	9	3	8	5
9	6	3	2	8	5	7	4	1
7	5	8	1	4	3	2	9	6
1	7	6	4	5	2	8	3	9
3	8	5	9	7	6	4	1	2
2	9	4	8	3	1	5	6	7

169 Medium

7	8	9	2	6	4	5	1	3
4	5	1	3	8	7	9	2	6
2	3	6	1	9	5	4	8	7
6	9	4	7	2	8	3	5	1
1	2	8	6	5	3	7	9	4
5	7	3	4	1	9	2	6	8
3	6	2	5	4	1	8	7	9
8	1	7	9	3	2	6	4	5
9	4	5	8	7	6	1	3	2

170 Medium

4	8	2	9	6	1	7	5	3
6	3	1	7	5	4	8	2	9
9	7	5	2	3	8	6	1	4
8	2	9	4	1	3	5	6	7
5	6	4	8	2	7	3	9	1
3	1	7	6	9	5	4	8	2
7	5	8	1	4	9	2	3	6
1	4	6	3	8	2	9	7	5
2	9	3	5	7	6	1	4	8

171 Medium

6	7	2	4	8	3	9	1	5
5	4	3	1	9	2	7	6	8
1	8	9	7	5	6	4	3	2
9	6	5	8	4	7	3	2	1
7	2	4	5	3	1	6	8	9
3	1	8	2	6	9	5	4	7
8	3	6	9	2	5	1	7	4
2	9	7	6	1	4	8	5	3
4	5	1	3	7	8	2	9	6

172 Medium

3	8	2	9	5	4	1	7	6
5	9	7	1	6	3	8	4	2
4	1	6	7	2	8	9	3	5
7	6	5	4	9	2	3	8	1
9	2	3	8	1	5	7	6	4
1	4	8	6	3	7	2	5	9
2	5	9	3	8	6	4	1	7
8	7	1	5	4	9	6	2	3
6	3	4	2	7	1	5	9	8

173 Medium

3	7	5	1	4	9	6	2	8
8	6	9	2	3	5	1	4	7
1	2	4	6	8	7	3	9	5
4	5	1	7	9	6	8	3	2
7	8	2	4	5	3	9	6	1
6	9	3	8	2	1	7	5	4
9	4	6	5	7	8	2	1	3
5	1	8	3	6	2	4	7	9
2	3	7	9	1	4	5	8	6

174 Medium

5	6	3	4	8	7	2	9	1
8	7	2	5	1	9	6	3	4
4	9	1	3	2	6	7	8	5
1	2	8	6	7	5	9	4	3
6	4	5	9	3	1	8	2	7
9	3	7	2	4	8	1	5	6
7	1	4	8	5	2	3	6	9
2	5	9	7	6	3	4	1	8
3	8	6	1	9	4	5	7	2

175 Medium

7	9	1	4	2	3	6	5	8
3	8	2	5	6	9	7	1	4
6	5	4	7	8	1	3	9	2
1	6	5	3	9	2	8	4	7
9	7	8	6	4	5	1	2	3
4	2	3	1	7	8	5	6	9
8	1	9	2	5	7	4	3	6
5	4	7	9	3	6	2	8	1
2	3	6	8	1	4	9	7	5

176 Medium

9	1	7	8	4	3	6	2	5
6	2	4	9	5	1	7	8	3
3	5	8	2	7	6	4	1	9
8	7	6	3	1	4	9	5	2
1	4	2	6	9	5	3	7	8
5	3	9	7	8	2	1	4	6
4	8	1	5	6	9	2	3	7
7	9	3	4	2	8	5	6	1
2	6	5	1	3	7	8	9	4

177 Medium

2	4	8	1	6	7	3	9	5
9	3	7	2	4	5	8	6	1
6	5	1	8	9	3	7	2	4
8	9	6	7	3	4	5	1	2
4	7	2	6	5	1	9	8	3
5	1	3	9	2	8	4	7	6
3	2	9	4	8	6	1	5	7
7	8	5	3	1	2	6	4	9
1	6	4	5	7	9	2	3	8

178 Medium

6	8	5	4	2	3	9	1	7
2	7	9	5	1	8	3	6	4
3	1	4	6	9	7	2	8	5
5	6	1	3	4	9	8	7	2
4	3	7	2	8	6	1	5	9
8	9	2	1	7	5	4	3	6
7	5	8	9	3	2	6	4	1
9	4	6	8	5	1	7	2	3
1	2	3	7	6	4	5	9	8

179 Medium

5	7	1	2	8	3	4	9	6
4	8	9	6	5	7	3	1	2
2	3	6	1	4	9	7	5	8
7	4	2	8	3	1	9	6	5
9	6	8	4	2	5	1	7	3
3	1	5	9	7	6	2	8	4
6	5	3	7	1	2	8	4	9
8	9	7	3	6	4	5	2	1
1	2	4	5	9	8	6	3	7

180 Medium

1	4	2	9	8	7	5	6	3
6	8	9	4	3	5	2	1	7
5	3	7	1	2	6	4	9	8
2	9	8	6	4	3	1	7	5
4	6	5	7	1	9	8	3	2
7	1	3	8	5	2	6	4	9
8	5	1	3	9	4	7	2	6
9	7	4	2	6	8	3	5	1
3	2	6	5	7	1	9	8	4

181 Medium

3	1	7	5	6	2	8	9	4
6	2	4	1	8	9	5	7	3
5	8	9	4	3	7	6	1	2
4	5	2	3	1	6	9	8	7
9	3	8	7	4	5	2	6	1
7	6	1	9	2	8	3	4	5
8	9	3	2	7	4	1	5	6
1	4	5	6	9	3	7	2	8
2	7	6	8	5	1	4	3	9

182 Medium

1	2	8	7	6	3	9	4	5
3	9	6	4	2	5	1	8	7
5	4	7	8	9	1	6	3	2
7	1	9	3	5	2	8	6	4
2	3	4	6	7	8	5	9	1
8	6	5	9	1	4	7	2	3
4	7	1	2	8	6	3	5	9
9	8	3	5	4	7	2	1	6
6	5	2	1	3	9	4	7	8

183 Medium

5	1	3	8	9	6	7	4	2
4	2	9	7	3	5	6	8	1
6	7	8	4	2	1	9	5	3
1	6	4	2	7	3	8	9	5
9	5	7	6	1	8	3	2	4
8	3	2	5	4	9	1	7	6
7	9	1	3	5	4	2	6	8
3	8	5	9	6	2	4	1	7
2	4	6	1	8	7	5	3	9

184 Medium

1	5	9	3	7	8	6	4	2
4	2	3	6	9	1	8	7	5
6	7	8	5	4	2	1	3	9
3	9	6	1	8	4	5	2	7
7	1	4	2	5	6	9	8	3
2	8	5	9	3	7	4	1	6
8	6	2	7	1	5	3	9	4
9	4	7	8	6	3	2	5	1
5	3	1	4	2	9	7	6	8

185 Medium

7	4	2	1	6	5	9	3	8
9	8	5	4	3	2	1	6	7
3	1	6	9	7	8	5	4	2
4	3	7	8	5	1	2	9	6
6	2	1	3	9	4	7	8	5
8	5	9	6	2	7	3	1	4
2	6	8	5	1	3	4	7	9
1	7	4	2	8	9	6	5	3
5	9	3	7	4	6	8	2	1

186 Medium

2	4	3	9	1	6	8	5	7
8	6	7	5	3	4	2	9	1
1	5	9	2	7	8	4	3	6
7	3	2	1	4	9	5	6	8
5	1	6	8	2	7	9	4	3
9	8	4	3	6	5	7	1	2
6	9	1	7	5	2	3	8	4
4	7	8	6	9	3	1	2	5
3	2	5	4	8	1	6	7	9

187 Medium

6	5	7	9	8	4	1	3	2
2	4	1	5	3	7	6	9	8
9	3	8	6	1	2	5	4	7
3	1	4	7	2	9	8	5	6
8	2	6	1	5	3	4	7	9
7	9	5	4	6	8	2	1	3
1	7	9	8	4	6	3	2	5
5	6	3	2	7	1	9	8	4
4	8	2	3	9	5	7	6	1

188 Medium

5	2	8	7	3	6	1	4	9
9	3	1	4	5	8	2	6	7
7	4	6	1	2	9	3	5	8
1	6	3	8	9	7	4	2	5
4	7	9	5	6	2	8	3	1
8	5	2	3	4	1	9	7	6
3	9	5	6	8	4	7	1	2
2	1	4	9	7	5	6	8	3
6	8	7	2	1	3	5	9	4

189 Medium

6	7	9	1	5	4	8	3	2
5	3	2	7	9	8	4	6	1
4	8	1	2	6	3	7	5	9
9	2	3	4	7	5	1	8	6
7	1	6	3	8	2	5	9	4
8	4	5	6	1	9	3	2	7
3	6	8	9	4	7	2	1	5
1	5	7	8	2	6	9	4	3
2	9	4	5	3	1	6	7	8

190 Medium

9	7	1	5	2	6	4	3	8
5	2	6	8	4	3	9	7	1
3	4	8	7	1	9	5	6	2
6	5	4	1	9	2	3	8	7
7	3	9	6	8	4	1	2	5
8	1	2	3	7	5	6	4	9
1	9	3	2	6	7	8	5	4
2	8	5	4	3	1	7	9	6
4	6	7	9	5	8	2	1	3

191 Medium

8	1	4	6	3	9	2	7	5
3	6	7	5	2	8	9	4	1
2	9	5	4	1	7	3	6	8
1	3	2	7	4	5	8	9	6
7	5	6	8	9	3	4	1	2
9	4	8	1	6	2	7	5	3
5	8	9	3	7	1	6	2	4
6	7	1	2	8	4	5	3	9
4	2	3	9	5	6	1	8	7

192 Medium

6	1	2	7	9	8	4	3	5
4	3	7	6	5	2	8	1	9
5	8	9	1	3	4	6	2	7
8	7	5	3	1	9	2	6	4
2	4	1	8	6	7	9	5	3
9	6	3	4	2	5	1	7	8
1	5	6	9	8	3	7	4	2
7	2	8	5	4	1	3	9	6
3	9	4	2	7	6	5	8	1

193 Medium

7	9	3	1	2	6	8	4	5
8	5	1	9	4	3	6	2	7
6	2	4	8	5	7	9	3	1
3	1	8	6	9	4	7	5	2
5	7	6	2	3	1	4	8	9
9	4	2	7	8	5	3	1	6
2	6	9	3	1	8	5	7	4
1	8	5	4	7	9	2	6	3
4	3	7	5	6	2	1	9	8

194 Medium

7	5	4	9	2	8	6	1	3
3	8	6	4	7	1	5	9	2
2	1	9	5	3	6	8	7	4
8	9	2	3	1	5	7	4	6
5	3	7	6	9	4	1	2	8
4	6	1	7	8	2	9	3	5
1	4	3	8	6	9	2	5	7
6	2	5	1	4	7	3	8	9
9	7	8	2	5	3	4	6	1

195 Medium

9	6	2	4	3	8	1	7	5
1	4	7	5	9	6	3	2	8
8	5	3	7	2	1	4	6	9
5	1	6	2	8	7	9	4	3
7	2	9	1	4	3	8	5	6
4	3	8	6	5	9	2	1	7
3	7	1	9	6	4	5	8	2
6	9	5	8	1	2	7	3	4
2	8	4	3	7	5	6	9	1

196 Medium

2	1	5	7	9	8	6	4	3
6	8	9	4	3	2	7	1	5
3	4	7	1	5	6	8	9	2
5	6	3	9	1	4	2	7	8
8	7	1	6	2	5	4	3	9
4	9	2	3	8	7	1	5	6
7	3	4	2	6	9	5	8	1
1	2	8	5	7	3	9	6	4
9	5	6	8	4	1	3	2	7

197 Medium

7	4	1	3	9	2	5	6	8
3	5	8	7	6	1	9	2	4
9	6	2	4	5	8	3	1	7
5	2	6	9	4	3	7	8	1
4	8	9	1	2	7	6	5	3
1	3	7	6	8	5	4	9	2
6	9	3	2	1	4	8	7	5
2	7	5	8	3	6	1	4	9
8	1	4	5	7	9	2	3	6

198 Medium

1	5	8	2	6	3	4	9	7
6	7	4	8	9	5	3	1	2
3	2	9	1	7	4	5	8	6
4	1	7	6	2	8	9	5	3
8	9	2	5	3	1	7	6	4
5	3	6	7	4	9	8	2	1
7	8	5	4	1	2	6	3	9
2	4	3	9	8	6	1	7	5
9	6	1	3	5	7	2	4	8

199 Medium

7	1	5	9	6	2	8	3	4
8	3	6	1	5	4	2	9	7
2	4	9	7	3	8	6	1	5
4	5	2	3	9	6	7	8	1
6	8	1	4	7	5	9	2	3
9	7	3	8	2	1	5	4	6
3	2	7	5	1	9	4	6	8
5	6	8	2	4	3	1	7	9
1	9	4	6	8	7	3	5	2

200 Medium

1	8	6	3	5	4	9	7	2
4	5	9	7	1	2	8	6	3
2	7	3	9	6	8	5	1	4
6	9	1	8	4	3	2	5	7
5	4	7	2	9	1	3	8	6
3	2	8	6	7	5	1	4	9
9	1	2	4	8	7	6	3	5
8	6	4	5	3	9	7	2	1
7	3	5	1	2	6	4	9	8

201 Hard

5	4	8	7	9	3	6	2	1
2	6	1	8	5	4	7	9	3
3	9	7	2	6	1	8	4	5
8	7	9	5	1	6	2	3	4
1	3	5	4	7	2	9	6	8
6	2	4	3	8	9	1	5	7
7	5	6	9	4	8	3	1	2
9	8	3	1	2	5	4	7	6
4	1	2	6	3	7	5	8	9

202 Hard

1	4	9	8	3	2	6	7	5
7	2	5	4	9	6	1	3	8
6	3	8	7	1	5	4	9	2
3	7	4	1	2	8	5	6	9
9	1	2	5	6	4	3	8	7
8	5	6	3	7	9	2	4	1
2	9	1	6	4	7	8	5	3
4	8	7	2	5	3	9	1	6
5	6	3	9	8	1	7	2	4

203 Hard

5	2	9	3	8	6	7	4	1
1	3	8	2	7	4	5	9	6
6	7	4	5	1	9	3	8	2
3	1	7	4	5	2	8	6	9
8	9	2	6	3	7	4	1	5
4	5	6	8	9	1	2	7	3
9	8	1	7	2	3	6	5	4
2	4	5	9	6	8	1	3	7
7	6	3	1	4	5	9	2	8

204 Hard

4	7	8	2	6	1	3	9	5
1	5	9	3	7	8	6	4	2
3	6	2	4	9	5	8	1	7
6	8	3	5	1	9	2	7	4
7	2	5	8	4	3	1	6	9
9	1	4	7	2	6	5	8	3
8	3	1	9	5	7	4	2	6
2	9	6	1	3	4	7	5	8
5	4	7	6	8	2	9	3	1

205 Hard

9	6	5	3	7	4	1	2	8
3	7	8	1	2	9	4	5	6
1	4	2	6	5	8	7	3	9
4	1	3	9	6	2	8	7	5
6	2	7	5	8	1	9	4	3
5	8	9	7	4	3	2	6	1
7	3	4	8	1	5	6	9	2
8	9	6	2	3	7	5	1	4
2	5	1	4	9	6	3	8	7

206 Hard

8	2	6	4	5	9	1	3	7
1	9	3	8	2	7	5	4	6
5	4	7	1	6	3	8	2	9
9	6	4	3	8	5	2	7	1
7	3	1	2	9	6	4	5	8
2	8	5	7	4	1	9	6	3
3	5	2	9	7	8	6	1	4
4	7	9	6	1	2	3	8	5
6	1	8	5	3	4	7	9	2

207 Hard

7	8	2	9	5	6	3	4	1
9	3	1	7	4	2	8	6	5
6	5	4	3	1	8	9	2	7
4	1	6	8	3	5	7	9	2
5	9	7	2	6	1	4	8	3
3	2	8	4	9	7	5	1	6
1	4	3	5	2	9	6	7	8
8	6	9	1	7	3	2	5	4
2	7	5	6	8	4	1	3	9

208 Hard

1	6	8	4	5	7	2	9	3
4	9	3	8	6	2	5	1	7
7	5	2	3	9	1	6	4	8
5	8	1	2	4	6	3	7	9
2	4	7	9	1	3	8	5	6
9	3	6	5	7	8	1	2	4
8	1	9	6	2	4	7	3	5
6	2	5	7	3	9	4	8	1
3	7	4	1	8	5	9	6	2

209 Hard

4	7	6	8	2	3	5	9	1
5	8	3	7	9	1	4	6	2
1	2	9	4	6	5	8	7	3
2	5	8	9	1	7	3	4	6
7	9	1	6	3	4	2	8	5
6	3	4	5	8	2	7	1	9
3	4	2	1	7	6	9	5	8
8	1	7	3	5	9	6	2	4
9	6	5	2	4	8	1	3	7

210 Hard

7	6	1	8	2	4	3	9	5
8	2	3	5	1	9	6	7	4
5	4	9	7	6	3	2	1	8
4	3	5	2	9	7	8	6	1
9	1	2	6	8	5	7	4	3
6	8	7	4	3	1	5	2	9
2	9	4	3	5	6	1	8	7
3	7	6	1	4	8	9	5	2
1	5	8	9	7	2	4	3	6

211 Hard

4	7	6	2	5	9	8	3	1
3	1	2	4	6	8	7	9	5
9	8	5	3	7	1	6	4	2
6	4	8	5	9	2	1	7	3
5	9	1	8	3	7	2	6	4
2	3	7	6	1	4	5	8	9
1	2	9	7	8	3	4	5	6
8	6	4	9	2	5	3	1	7
7	5	3	1	4	6	9	2	8

212 Hard

2	3	5	1	4	8	6	9	7
6	9	7	5	2	3	4	1	8
4	8	1	7	6	9	2	5	3
3	1	4	9	7	5	8	2	6
8	6	9	3	1	2	7	4	5
5	7	2	4	8	6	9	3	1
1	2	8	6	3	4	5	7	9
7	5	6	2	9	1	3	8	4
9	4	3	8	5	7	1	6	2

213 Hard

3	4	2	6	7	9	5	8	1
1	6	7	2	8	5	3	9	4
5	9	8	1	3	4	6	7	2
9	8	5	7	4	6	2	1	3
7	2	3	9	5	1	8	4	6
6	1	4	8	2	3	7	5	9
8	7	9	4	6	2	1	3	5
4	3	6	5	1	7	9	2	8
2	5	1	3	9	8	4	6	7

214 Hard

2	5	3	9	7	6	1	8	4
8	1	6	3	2	4	7	9	5
7	9	4	5	1	8	2	3	6
6	2	8	7	5	9	4	1	3
1	3	5	6	4	2	8	7	9
4	7	9	1	8	3	5	6	2
3	4	1	8	9	5	6	2	7
9	8	2	4	6	7	3	5	1
5	6	7	2	3	1	9	4	8

215 Hard

1	9	2	6	8	5	3	4	7
7	4	8	3	2	9	6	5	1
6	5	3	7	1	4	8	9	2
9	2	1	4	7	6	5	8	3
8	3	7	5	9	2	4	1	6
5	6	4	8	3	1	2	7	9
3	8	5	1	6	7	9	2	4
4	1	9	2	5	3	7	6	8
2	7	6	9	4	8	1	3	5

216 Hard

2	1	5	4	9	6	8	7	3
3	7	4	5	8	2	1	9	6
9	8	6	1	7	3	4	2	5
8	6	7	3	1	9	2	5	4
1	4	9	6	2	5	3	8	7
5	3	2	7	4	8	9	6	1
7	5	8	2	3	4	6	1	9
4	2	1	9	6	7	5	3	8
6	9	3	8	5	1	7	4	2

217 Hard

1	2	4	8	5	6	7	9	3
6	7	8	9	4	3	2	5	1
9	5	3	1	2	7	8	6	4
3	1	5	6	9	2	4	7	8
8	9	2	7	3	4	5	1	6
4	6	7	5	1	8	9	3	2
5	3	9	2	8	1	6	4	7
7	8	1	4	6	9	3	2	5
2	4	6	3	7	5	1	8	9

218 Hard

9	1	8	6	7	5	3	4	2
7	3	5	2	4	9	8	1	6
2	4	6	8	3	1	7	5	9
1	8	4	3	5	6	2	9	7
5	7	3	9	1	2	4	6	8
6	9	2	4	8	7	1	3	5
8	5	7	1	9	4	6	2	3
3	6	1	5	2	8	9	7	4
4	2	9	7	6	3	5	8	1

219 Hard

4	8	9	3	1	5	2	6	7
3	7	2	6	9	4	8	5	1
5	1	6	7	8	2	9	3	4
8	6	7	4	5	1	3	9	2
1	9	4	2	6	3	5	7	8
2	3	5	9	7	8	4	1	6
7	5	8	1	2	9	6	4	3
9	4	1	8	3	6	7	2	5
6	2	3	5	4	7	1	8	9

220 Hard

7	4	5	1	8	2	9	3	6
9	3	6	4	5	7	2	8	1
2	1	8	3	6	9	7	5	4
4	5	2	9	7	6	3	1	8
6	8	1	2	3	5	4	7	9
3	7	9	8	4	1	5	6	2
5	2	7	6	9	8	1	4	3
1	6	4	7	2	3	8	9	5
8	9	3	5	1	4	6	2	7

221 Hard

1	2	5	6	8	4	7	9	3
8	9	3	2	7	5	4	6	1
4	6	7	9	3	1	5	8	2
5	4	9	3	1	2	6	7	8
3	8	6	7	4	9	2	1	5
7	1	2	8	5	6	9	3	4
6	5	4	1	9	8	3	2	7
9	7	8	4	2	3	1	5	6
2	3	1	5	6	7	8	4	9

222 Hard

5	2	3	6	7	4	8	1	9
1	8	7	2	9	3	5	6	4
6	9	4	1	8	5	7	2	3
2	7	5	9	1	6	4	3	8
4	1	8	5	3	2	9	7	6
3	6	9	8	4	7	2	5	1
9	4	6	7	2	1	3	8	5
7	3	1	4	5	8	6	9	2
8	5	2	3	6	9	1	4	7

223 Hard

3	4	6	7	5	1	8	2	9
5	2	7	4	9	8	6	1	3
1	9	8	6	2	3	5	7	4
9	6	4	8	7	2	3	5	1
7	1	3	9	6	5	2	4	8
2	8	5	1	3	4	7	9	6
4	3	1	2	8	7	9	6	5
6	5	2	3	4	9	1	8	7
8	7	9	5	1	6	4	3	2

224 Hard

2	6	5	8	7	4	1	3	9
7	9	3	5	1	6	4	2	8
8	1	4	3	2	9	7	5	6
3	8	6	9	4	1	5	7	2
5	2	9	6	3	7	8	1	4
4	7	1	2	8	5	9	6	3
1	4	2	7	9	3	6	8	5
9	5	8	1	6	2	3	4	7
6	3	7	4	5	8	2	9	1

225 Hard

8	9	6	1	4	5	3	2	7
4	2	7	6	8	3	1	9	5
5	1	3	2	9	7	6	8	4
9	6	8	4	3	1	5	7	2
3	5	4	7	2	9	8	1	6
2	7	1	5	6	8	9	4	3
6	4	5	8	1	2	7	3	9
7	8	9	3	5	4	2	6	1
1	3	2	9	7	6	4	5	8

226 Hard

9	1	6	5	3	2	7	8	4
4	7	2	9	8	6	3	1	5
3	8	5	7	4	1	9	6	2
7	5	4	1	9	8	2	3	6
2	9	1	6	7	3	5	4	8
8	6	3	4	2	5	1	7	9
6	2	9	3	1	4	8	5	7
5	3	8	2	6	7	4	9	1
1	4	7	8	5	9	6	2	3

227 Hard

3	5	7	6	9	2	4	8	1
8	2	6	4	3	1	9	5	7
9	1	4	5	7	8	6	2	3
6	7	3	8	5	4	2	1	9
1	8	9	7	2	3	5	4	6
2	4	5	1	6	9	7	3	8
7	6	1	3	4	5	8	9	2
5	9	8	2	1	6	3	7	4
4	3	2	9	8	7	1	6	5

228 Hard

1	6	2	8	9	3	5	4	7
3	5	9	7	1	4	8	6	2
7	8	4	5	2	6	9	1	3
2	7	1	4	8	9	3	5	6
4	9	6	2	3	5	7	8	1
5	3	8	6	7	1	4	2	9
8	1	5	9	6	7	2	3	4
9	4	3	1	5	2	6	7	8
6	2	7	3	4	8	1	9	5

229 Hard

3	2	6	4	5	8	1	7	9
4	1	5	6	9	7	3	2	8
8	7	9	3	1	2	6	5	4
7	8	4	1	6	5	9	3	2
5	9	3	2	7	4	8	6	1
2	6	1	9	8	3	5	4	7
1	4	8	7	3	6	2	9	5
9	3	7	5	2	1	4	8	6
6	5	2	8	4	9	7	1	3

230 Hard

3	7	8	5	6	2	1	9	4
5	4	9	7	1	8	2	6	3
6	1	2	9	3	4	7	8	5
1	3	4	2	8	5	9	7	6
2	6	5	1	7	9	4	3	8
9	8	7	6	4	3	5	1	2
8	9	6	4	2	7	3	5	1
4	5	1	3	9	6	8	2	7
7	2	3	8	5	1	6	4	9

231 Hard

3	1	7	4	8	2	5	6	9
9	6	4	5	1	7	8	3	2
5	8	2	9	6	3	4	7	1
8	7	6	1	3	4	2	9	5
4	5	1	6	2	9	3	8	7
2	3	9	7	5	8	1	4	6
6	9	5	8	4	1	7	2	3
1	2	8	3	7	6	9	5	4
7	4	3	2	9	5	6	1	8

232 Hard

2	5	6	9	3	7	4	1	8
1	3	7	2	8	4	9	5	6
4	9	8	6	1	5	3	7	2
5	6	1	4	7	9	2	8	3
7	4	9	8	2	3	5	6	1
8	2	3	1	5	6	7	9	4
6	7	2	3	9	8	1	4	5
9	1	4	5	6	2	8	3	7
3	8	5	7	4	1	6	2	9

233 Hard

7	8	1	6	9	4	3	5	2
6	9	5	2	1	3	7	8	4
3	2	4	7	5	8	1	6	9
5	4	2	9	3	6	8	1	7
1	3	6	8	7	2	4	9	5
8	7	9	1	4	5	2	3	6
9	6	7	4	8	1	5	2	3
2	5	8	3	6	7	9	4	1
4	1	3	5	2	9	6	7	8

234 Hard

9	7	3	8	5	2	6	4	1
4	8	1	9	6	7	5	3	2
5	6	2	1	4	3	7	9	8
2	5	4	7	3	1	9	8	6
7	3	6	4	8	9	1	2	5
1	9	8	6	2	5	4	7	3
3	1	9	5	7	8	2	6	4
8	4	7	2	1	6	3	5	9
6	2	5	3	9	4	8	1	7

235 Hard

3	5	1	4	6	2	8	7	9
6	4	9	8	3	7	2	5	1
7	2	8	9	1	5	3	4	6
4	3	7	5	9	6	1	8	2
1	6	2	7	8	4	9	3	5
9	8	5	1	2	3	4	6	7
5	7	3	2	4	9	6	1	8
2	1	4	6	5	8	7	9	3
8	9	6	3	7	1	5	2	4

236 Hard

9	6	7	2	1	3	4	8	5
4	1	5	9	8	6	7	3	2
3	2	8	4	7	5	1	9	6
5	3	9	6	4	7	2	1	8
6	8	1	5	2	9	3	4	7
2	7	4	1	3	8	5	6	9
7	4	2	8	6	1	9	5	3
8	9	3	7	5	4	6	2	1
1	5	6	3	9	2	8	7	4

237 Hard

3	5	7	6	8	2	9	1	4
4	8	6	9	1	3	5	7	2
2	1	9	5	4	7	3	6	8
5	7	8	2	9	1	4	3	6
1	6	2	3	7	4	8	9	5
9	3	4	8	5	6	7	2	1
6	4	3	7	2	5	1	8	9
8	2	1	4	3	9	6	5	7
7	9	5	1	6	8	2	4	3

238 Hard

5	3	1	9	7	2	4	8	6
2	6	8	4	3	5	9	1	7
9	4	7	6	8	1	5	3	2
3	9	6	1	4	8	2	7	5
8	2	5	3	9	7	6	4	1
7	1	4	2	5	6	8	9	3
6	5	9	7	1	4	3	2	8
1	8	3	5	2	9	7	6	4
4	7	2	8	6	3	1	5	9

239 Hard

6	7	3	2	5	4	9	8	1
9	5	2	1	8	3	6	4	7
1	4	8	7	6	9	3	2	5
4	3	1	5	9	7	8	6	2
8	6	5	3	4	2	1	7	9
2	9	7	6	1	8	4	5	3
7	2	4	8	3	1	5	9	6
3	8	6	9	7	5	2	1	4
5	1	9	4	2	6	7	3	8

240 Hard

1	5	3	6	9	8	7	4	2
7	6	8	5	4	2	9	1	3
2	4	9	3	1	7	6	5	8
8	9	5	4	2	6	3	7	1
4	7	1	8	3	9	2	6	5
6	3	2	1	7	5	4	8	9
3	8	6	9	5	4	1	2	7
5	1	7	2	6	3	8	9	4
9	2	4	7	8	1	5	3	6

241 Hard

1	2	8	3	5	7	9	6	4
5	4	3	9	2	6	1	8	7
9	6	7	1	8	4	3	2	5
2	1	4	6	7	9	5	3	8
3	8	9	2	1	5	4	7	6
6	7	5	4	3	8	2	9	1
8	9	1	5	6	3	7	4	2
7	3	2	8	4	1	6	5	9
4	5	6	7	9	2	8	1	3

242 Hard

3	7	4	1	8	2	5	6	9
6	9	2	4	7	5	8	3	1
5	1	8	3	6	9	2	7	4
8	6	9	2	4	1	3	5	7
2	4	1	5	3	7	6	9	8
7	3	5	8	9	6	4	1	2
4	8	6	7	1	3	9	2	5
9	2	7	6	5	4	1	8	3
1	5	3	9	2	8	7	4	6

243 Hard

5	4	2	1	9	3	8	6	7
7	8	1	5	6	4	2	9	3
6	9	3	2	8	7	5	1	4
3	6	8	4	5	2	1	7	9
9	1	5	3	7	8	6	4	2
2	7	4	9	1	6	3	8	5
1	2	7	6	4	5	9	3	8
4	5	9	8	3	1	7	2	6
8	3	6	7	2	9	4	5	1

244 Hard

5	3	8	1	4	6	2	9	7
4	7	1	9	2	3	8	6	5
9	2	6	8	5	7	3	1	4
2	1	9	6	7	4	5	3	8
7	6	3	5	9	8	4	2	1
8	4	5	2	3	1	6	7	9
6	8	7	4	1	2	9	5	3
3	5	4	7	6	9	1	8	2
1	9	2	3	8	5	7	4	6

245 Hard

6	2	5	3	4	8	1	7	9
3	4	7	6	9	1	5	8	2
8	9	1	5	2	7	4	3	6
1	6	2	7	3	5	9	4	8
7	5	9	8	1	4	2	6	3
4	3	8	9	6	2	7	1	5
9	8	4	2	7	6	3	5	1
5	1	3	4	8	9	6	2	7
2	7	6	1	5	3	8	9	4

246 Hard

1	6	2	5	7	8	9	3	4
4	8	7	1	3	9	5	6	2
3	9	5	4	6	2	7	8	1
8	4	1	3	9	7	2	5	6
2	5	9	6	8	4	1	7	3
6	7	3	2	5	1	4	9	8
9	2	8	7	1	6	3	4	5
7	3	4	8	2	5	6	1	9
5	1	6	9	4	3	8	2	7

247 Hard

9	2	1	7	6	3	8	4	5
4	5	3	2	1	8	7	9	6
6	8	7	4	9	5	2	1	3
1	3	9	8	7	2	5	6	4
2	6	4	5	3	9	1	7	8
8	7	5	6	4	1	3	2	9
5	4	6	3	2	7	9	8	1
3	9	2	1	8	4	6	5	7
7	1	8	9	5	6	4	3	2

248 Hard

7	3	9	6	4	8	2	1	5
1	6	2	7	5	3	9	4	8
8	5	4	9	1	2	6	3	7
2	9	7	1	3	5	8	6	4
3	8	1	4	6	9	5	7	2
5	4	6	8	2	7	1	9	3
9	2	3	5	7	6	4	8	1
6	1	5	3	8	4	7	2	9
4	7	8	2	9	1	3	5	6

249 Hard

2	9	3	4	5	7	6	8	1
6	5	7	9	1	8	4	3	2
4	8	1	3	6	2	7	9	5
5	7	4	8	9	3	2	1	6
9	1	2	6	4	5	3	7	8
3	6	8	7	2	1	5	4	9
1	3	6	2	7	9	8	5	4
7	2	5	1	8	4	9	6	3
8	4	9	5	3	6	1	2	7

250 Hard

9	2	8	6	5	7	1	3	4
5	4	1	2	3	9	6	7	8
3	7	6	4	1	8	5	2	9
1	3	4	8	7	2	9	5	6
6	8	7	9	4	5	2	1	3
2	5	9	1	6	3	4	8	7
7	9	3	5	2	4	8	6	1
4	1	2	3	8	6	7	9	5
8	6	5	7	9	1	3	4	2

251 Hard

7	1	6	5	3	8	2	4	9
8	9	3	4	7	2	5	1	6
4	5	2	9	6	1	3	7	8
3	8	4	1	9	7	6	5	2
5	7	1	6	2	3	8	9	4
6	2	9	8	5	4	7	3	1
1	6	7	2	4	5	9	8	3
9	4	5	3	8	6	1	2	7
2	3	8	7	1	9	4	6	5

252 Hard

7	1	2	3	8	5	9	4	6
6	3	9	2	4	1	8	7	5
4	8	5	7	9	6	2	3	1
9	4	3	5	6	8	7	1	2
5	7	1	9	3	2	6	8	4
2	6	8	1	7	4	3	5	9
3	9	6	4	1	7	5	2	8
8	2	4	6	5	3	1	9	7
1	5	7	8	2	9	4	6	3

253 Hard

8	3	6	4	5	9	1	2	7
5	2	4	7	1	6	9	3	8
1	7	9	2	8	3	4	6	5
3	4	2	9	7	1	5	8	6
7	1	8	6	4	5	3	9	2
6	9	5	3	2	8	7	4	1
4	8	3	1	6	7	2	5	9
9	5	7	8	3	2	6	1	4
2	6	1	5	9	4	8	7	3

254 Hard

7	6	9	8	1	4	3	5	2
5	8	2	3	6	7	9	4	1
1	4	3	2	5	9	7	6	8
4	9	8	5	7	2	6	1	3
6	2	1	9	4	3	5	8	7
3	5	7	1	8	6	4	2	9
8	1	4	7	3	5	2	9	6
9	3	5	6	2	1	8	7	4
2	7	6	4	9	8	1	3	5

255 Hard

6	2	5	4	3	7	8	1	9
3	7	9	2	1	8	4	6	5
4	8	1	6	5	9	2	3	7
2	1	6	9	8	4	7	5	3
8	5	7	1	2	3	6	9	4
9	4	3	7	6	5	1	8	2
7	6	4	3	9	1	5	2	8
5	3	2	8	7	6	9	4	1
1	9	8	5	4	2	3	7	6

256 Hard

5	4	7	1	3	2	9	6	8
9	6	2	7	8	5	3	1	4
1	8	3	6	4	9	2	5	7
3	5	8	9	2	7	1	4	6
6	9	1	8	5	4	7	2	3
7	2	4	3	6	1	5	8	9
4	7	9	5	1	8	6	3	2
2	3	5	4	9	6	8	7	1
8	1	6	2	7	3	4	9	5

257 Hard

5	2	8	3	7	4	9	1	6
9	4	7	6	1	5	3	2	8
6	3	1	9	2	8	7	4	5
2	8	5	4	9	3	6	7	1
4	7	3	5	6	1	8	9	2
1	6	9	7	8	2	5	3	4
7	5	2	8	4	9	1	6	3
3	9	4	1	5	6	2	8	7
8	1	6	2	3	7	4	5	9

258 Hard

8	3	7	1	6	5	2	4	9
1	5	2	9	8	4	7	3	6
6	4	9	7	2	3	8	1	5
5	9	1	2	4	7	6	8	3
2	6	8	3	9	1	5	7	4
4	7	3	6	5	8	1	9	2
9	8	6	4	1	2	3	5	7
7	2	5	8	3	9	4	6	1
3	1	4	5	7	6	9	2	8

259 Hard

4	3	8	6	5	2	9	7	1
7	1	2	3	8	9	4	6	5
5	9	6	1	7	4	2	3	8
2	7	3	4	6	8	5	1	9
6	5	4	9	2	1	3	8	7
1	8	9	7	3	5	6	4	2
3	6	5	8	9	7	1	2	4
8	2	1	5	4	3	7	9	6
9	4	7	2	1	6	8	5	3

260 Hard

3	2	6	5	1	9	7	4	8
5	4	7	6	8	3	9	2	1
8	1	9	2	7	4	5	6	3
2	7	5	8	4	6	3	1	9
6	9	8	1	3	5	2	7	4
4	3	1	7	9	2	8	5	6
9	8	2	4	6	7	1	3	5
7	6	3	9	5	1	4	8	2
1	5	4	3	2	8	6	9	7

261 Hard

5	1	3	9	2	7	4	6	8
4	7	2	8	1	6	3	5	9
8	6	9	5	4	3	7	1	2
6	2	5	7	3	1	9	8	4
9	3	7	4	5	8	1	2	6
1	4	8	6	9	2	5	7	3
2	5	6	3	7	4	8	9	1
3	9	1	2	8	5	6	4	7
7	8	4	1	6	9	2	3	5

262 Hard

4	2	7	8	1	9	6	3	5
6	1	9	4	3	5	2	7	8
5	8	3	2	6	7	1	4	9
8	3	2	5	7	1	4	9	6
1	4	6	9	8	3	5	2	7
7	9	5	6	4	2	8	1	3
9	6	1	3	5	4	7	8	2
2	5	4	7	9	8	3	6	1
3	7	8	1	2	6	9	5	4

263 Hard

5	2	3	9	8	1	7	6	4
8	4	1	6	3	7	5	9	2
7	9	6	5	4	2	8	3	1
2	1	9	8	6	4	3	7	5
6	3	5	7	1	9	2	4	8
4	7	8	2	5	3	6	1	9
3	5	7	1	9	8	4	2	6
1	6	4	3	2	5	9	8	7
9	8	2	4	7	6	1	5	3

264 Hard

9	5	2	6	4	8	3	7	1
4	6	3	7	5	1	2	9	8
8	1	7	3	2	9	6	4	5
6	9	1	4	3	2	5	8	7
7	4	8	9	6	5	1	3	2
3	2	5	8	1	7	4	6	9
2	3	9	5	7	6	8	1	4
1	8	6	2	9	4	7	5	3
5	7	4	1	8	3	9	2	6

265 Hard

1	7	4	3	8	2	6	5	9
6	3	5	7	9	4	2	8	1
9	2	8	5	6	1	3	4	7
3	1	2	6	4	5	7	9	8
8	9	7	2	1	3	5	6	4
4	5	6	8	7	9	1	2	3
2	6	1	4	3	8	9	7	5
7	4	9	1	5	6	8	3	2
5	8	3	9	2	7	4	1	6

266 Hard

2	4	6	3	8	1	5	9	7
3	7	5	2	9	6	4	1	8
9	1	8	7	5	4	2	3	6
1	8	2	4	7	5	9	6	3
7	5	3	9	6	8	1	2	4
4	6	9	1	2	3	8	7	5
6	2	1	5	4	7	3	8	9
8	9	4	6	3	2	7	5	1
5	3	7	8	1	9	6	4	2

267 Hard

5	6	2	3	4	7	9	8	1
7	8	3	9	5	1	6	2	4
4	1	9	2	6	8	3	5	7
2	4	8	1	7	3	5	6	9
9	7	6	4	8	5	2	1	3
3	5	1	6	2	9	4	7	8
6	9	5	8	1	4	7	3	2
1	2	4	7	3	6	8	9	5
8	3	7	5	9	2	1	4	6

268 Hard

5	8	9	1	7	4	2	6	3
1	3	7	6	5	2	8	9	4
2	4	6	3	8	9	1	5	7
3	9	1	7	2	5	6	4	8
6	7	8	4	3	1	9	2	5
4	5	2	8	9	6	3	7	1
9	2	3	5	1	7	4	8	6
7	1	4	2	6	8	5	3	9
8	6	5	9	4	3	7	1	2

269 Hard

4	7	5	8	3	9	6	1	2
8	3	1	6	7	2	5	9	4
2	9	6	5	4	1	7	3	8
5	1	7	4	2	8	3	6	9
3	2	9	7	1	6	4	8	5
6	4	8	9	5	3	2	7	1
9	8	2	3	6	4	1	5	7
1	5	3	2	8	7	9	4	6
7	6	4	1	9	5	8	2	3

270 Hard

8	4	6	3	5	2	7	9	1
5	7	3	9	6	1	8	2	4
2	1	9	7	8	4	5	3	6
4	9	7	6	2	8	3	1	5
3	2	5	1	4	7	6	8	9
1	6	8	5	9	3	2	4	7
9	5	1	2	3	6	4	7	8
7	3	4	8	1	5	9	6	2
6	8	2	4	7	9	1	5	3

271 Hard

7	1	5	8	4	6	9	2	3
2	8	6	5	3	9	4	7	1
3	4	9	7	2	1	6	5	8
5	7	4	1	9	8	2	3	6
1	3	2	6	7	4	5	8	9
6	9	8	3	5	2	7	1	4
4	6	1	2	8	7	3	9	5
9	2	3	4	1	5	8	6	7
8	5	7	9	6	3	1	4	2

272 Hard

3	5	4	2	9	6	7	1	8
9	7	6	8	4	1	2	3	5
2	8	1	7	5	3	9	4	6
1	4	8	5	7	9	3	6	2
6	2	5	4	3	8	1	9	7
7	3	9	1	6	2	5	8	4
5	9	3	6	8	7	4	2	1
8	1	7	3	2	4	6	5	9
4	6	2	9	1	5	8	7	3

273 Hard

2	5	6	9	3	8	1	7	4
8	4	9	7	1	6	5	3	2
7	1	3	2	5	4	9	6	8
1	7	8	6	9	3	4	2	5
6	3	2	1	4	5	8	9	7
5	9	4	8	7	2	6	1	3
3	8	7	5	6	1	2	4	9
9	2	1	4	8	7	3	5	6
4	6	5	3	2	9	7	8	1

274 Hard

8	6	5	9	7	4	2	3	1
4	9	7	2	3	1	5	6	8
1	3	2	6	8	5	9	4	7
6	4	9	3	2	7	1	8	5
2	8	1	5	6	9	4	7	3
7	5	3	1	4	8	6	2	9
9	2	6	8	1	3	7	5	4
5	7	8	4	9	6	3	1	2
3	1	4	7	5	2	8	9	6

275 Hard

4	1	2	5	7	8	9	6	3
5	6	8	3	9	4	1	7	2
7	3	9	2	6	1	8	4	5
9	5	6	8	4	2	7	3	1
3	2	4	7	1	9	6	5	8
1	8	7	6	3	5	4	2	9
6	9	3	1	2	7	5	8	4
2	4	5	9	8	6	3	1	7
8	7	1	4	5	3	2	9	6

276 Hard

8	7	2	1	6	3	9	5	4
4	1	6	5	2	9	3	8	7
5	9	3	8	4	7	1	6	2
7	6	8	2	9	1	5	4	3
3	2	1	4	5	6	8	7	9
9	4	5	3	7	8	6	2	1
6	5	9	7	1	4	2	3	8
2	3	7	9	8	5	4	1	6
1	8	4	6	3	2	7	9	5

277 Hard

5	8	1	3	7	6	2	4	9
3	4	2	8	9	5	7	6	1
9	7	6	2	4	1	5	8	3
8	1	5	9	3	2	4	7	6
4	2	3	6	8	7	1	9	5
7	6	9	5	1	4	8	3	2
2	5	4	7	6	9	3	1	8
6	3	7	1	2	8	9	5	4
1	9	8	4	5	3	6	2	7

278 Hard

4	9	5	8	1	3	2	6	7
7	1	2	4	6	9	3	8	5
8	6	3	5	7	2	9	4	1
2	7	1	6	3	4	8	5	9
6	3	9	2	5	8	1	7	4
5	8	4	7	9	1	6	3	2
9	5	7	1	8	6	4	2	3
3	4	6	9	2	7	5	1	8
1	2	8	3	4	5	7	9	6

279 Hard

5	1	9	7	3	6	4	8	2
7	4	2	9	5	8	1	6	3
3	8	6	1	4	2	7	9	5
8	7	3	2	1	5	6	4	9
4	6	5	3	8	9	2	1	7
2	9	1	4	6	7	5	3	8
9	3	4	5	2	1	8	7	6
6	5	7	8	9	4	3	2	1
1	2	8	6	7	3	9	5	4

280 Hard

9	2	7	8	4	5	1	3	6
4	1	5	3	9	6	8	7	2
3	6	8	7	2	1	4	9	5
2	4	1	9	3	8	5	6	7
5	7	3	4	6	2	9	1	8
6	8	9	5	1	7	2	4	3
8	5	4	1	7	3	6	2	9
1	3	2	6	8	9	7	5	4
7	9	6	2	5	4	3	8	1

281 Hard

8	2	6	7	5	9	4	3	1
7	5	1	4	3	2	8	6	9
3	4	9	6	1	8	7	2	5
5	6	2	3	7	1	9	8	4
1	7	3	9	8	4	2	5	6
9	8	4	5	2	6	3	1	7
6	3	7	8	4	5	1	9	2
2	9	8	1	6	7	5	4	3
4	1	5	2	9	3	6	7	8

282 Hard

5	1	4	8	7	9	3	2	6
2	9	3	4	6	5	1	8	7
8	7	6	3	1	2	4	9	5
4	5	7	1	2	8	9	6	3
6	2	1	9	4	3	5	7	8
3	8	9	7	5	6	2	4	1
9	4	8	5	3	7	6	1	2
1	6	5	2	8	4	7	3	9
7	3	2	6	9	1	8	5	4

283 Hard

2	4	3	7	1	9	5	6	8
5	8	6	3	4	2	1	9	7
9	7	1	8	5	6	4	3	2
8	3	4	1	6	7	9	2	5
1	6	9	2	8	5	3	7	4
7	2	5	9	3	4	6	8	1
4	5	8	6	7	3	2	1	9
3	9	7	5	2	1	8	4	6
6	1	2	4	9	8	7	5	3

284 Hard

9	2	6	5	8	3	7	4	1
3	1	4	6	7	2	9	5	8
8	7	5	1	4	9	6	3	2
6	5	8	2	1	7	3	9	4
4	9	7	8	3	6	2	1	5
2	3	1	9	5	4	8	7	6
5	4	2	7	9	8	1	6	3
1	8	9	3	6	5	4	2	7
7	6	3	4	2	1	5	8	9

285 Hard

6	2	1	7	5	3	8	4	9
3	7	8	4	2	9	6	1	5
9	4	5	8	1	6	2	3	7
1	3	9	5	8	7	4	2	6
7	5	2	6	3	4	9	8	1
8	6	4	1	9	2	7	5	3
4	9	3	2	7	1	5	6	8
5	1	6	9	4	8	3	7	2
2	8	7	3	6	5	1	9	4

286 Hard

9	8	5	4	7	1	2	3	6
2	1	4	8	3	6	7	9	5
3	7	6	2	5	9	8	4	1
8	4	9	7	1	2	6	5	3
1	3	2	6	4	5	9	7	8
6	5	7	3	9	8	4	1	2
4	9	8	1	2	3	5	6	7
5	2	1	9	6	7	3	8	4
7	6	3	5	8	4	1	2	9

287 Hard

7	4	3	2	6	8	5	1	9
9	6	5	1	7	4	8	3	2
1	8	2	9	3	5	7	4	6
6	7	9	4	8	1	2	5	3
2	5	4	7	9	3	1	6	8
8	3	1	5	2	6	4	9	7
5	2	6	8	1	9	3	7	4
3	1	7	6	4	2	9	8	5
4	9	8	3	5	7	6	2	1

288 Hard

4	1	7	2	9	3	8	6	5
2	3	6	8	7	5	1	9	4
8	9	5	6	1	4	7	3	2
6	4	1	3	2	7	9	5	8
9	7	8	4	5	6	2	1	3
5	2	3	9	8	1	6	4	7
7	5	4	1	6	8	3	2	9
3	6	2	7	4	9	5	8	1
1	8	9	5	3	2	4	7	6

289 Hard

7	2	5	6	8	1	4	9	3
6	4	9	3	2	7	8	1	5
3	1	8	4	9	5	2	7	6
2	3	6	7	4	8	9	5	1
8	9	7	1	5	6	3	2	4
4	5	1	2	3	9	7	6	8
9	6	3	5	7	4	1	8	2
5	7	4	8	1	2	6	3	9
1	8	2	9	6	3	5	4	7

290 Hard

5	4	9	1	7	8	6	2	3
1	2	7	6	4	3	5	9	8
3	8	6	5	2	9	7	1	4
4	9	3	7	1	5	2	8	6
2	6	5	8	9	4	3	7	1
8	7	1	3	6	2	4	5	9
7	1	8	2	3	6	9	4	5
6	5	4	9	8	7	1	3	2
9	3	2	4	5	1	8	6	7

291 Hard

7	4	5	3	6	2	9	1	8
8	3	2	4	9	1	5	6	7
9	6	1	8	5	7	4	3	2
5	7	6	9	8	3	1	2	4
4	1	3	2	7	6	8	9	5
2	9	8	5	1	4	6	7	3
1	5	4	7	2	9	3	8	6
6	8	7	1	3	5	2	4	9
3	2	9	6	4	8	7	5	1

292 Hard

3	7	9	8	5	6	2	1	4
4	8	1	9	2	3	6	7	5
2	6	5	4	7	1	8	9	3
5	3	4	2	6	9	1	8	7
6	2	7	3	1	8	5	4	9
1	9	8	5	4	7	3	2	6
7	5	6	1	9	2	4	3	8
8	4	2	7	3	5	9	6	1
9	1	3	6	8	4	7	5	2

293 Hard

8	6	7	4	5	3	9	2	1
4	3	2	6	9	1	8	7	5
5	1	9	8	2	7	4	3	6
7	5	4	1	3	2	6	9	8
6	2	3	9	4	8	5	1	7
1	9	8	5	7	6	3	4	2
2	8	6	3	1	9	7	5	4
3	4	1	7	8	5	2	6	9
9	7	5	2	6	4	1	8	3

294 Hard

9	2	5	8	7	1	6	4	3
1	6	4	2	3	9	8	7	5
3	7	8	6	4	5	1	2	9
5	4	7	1	9	8	3	6	2
8	3	1	7	6	2	5	9	4
6	9	2	3	5	4	7	1	8
7	1	9	4	8	3	2	5	6
4	8	6	5	2	7	9	3	1
2	5	3	9	1	6	4	8	7

295 Hard

7	6	9	5	8	2	3	4	1
4	3	8	1	7	9	6	2	5
5	1	2	4	3	6	8	7	9
2	4	1	8	9	3	5	6	7
8	5	3	6	1	7	2	9	4
6	9	7	2	5	4	1	3	8
9	2	5	3	4	8	7	1	6
3	8	4	7	6	1	9	5	2
1	7	6	9	2	5	4	8	3

296 Hard

5	4	1	7	3	8	6	9	2
3	8	6	9	2	4	1	5	7
2	7	9	6	5	1	3	4	8
6	9	4	5	7	2	8	3	1
1	2	8	3	4	6	5	7	9
7	5	3	1	8	9	2	6	4
4	3	2	8	9	5	7	1	6
9	6	5	2	1	7	4	8	3
8	1	7	4	6	3	9	2	5

297 Hard

1	7	2	5	6	9	3	8	4
9	3	8	1	2	4	5	6	7
5	4	6	8	7	3	9	2	1
3	6	5	7	9	1	2	4	8
2	8	9	3	4	6	7	1	5
4	1	7	2	5	8	6	9	3
8	5	4	9	3	2	1	7	6
7	9	1	6	8	5	4	3	2
6	2	3	4	1	7	8	5	9

298 Hard

5	4	9	6	1	2	7	8	3
6	7	2	3	8	9	5	4	1
8	1	3	7	4	5	9	2	6
4	8	5	9	2	3	1	6	7
1	2	7	5	6	4	3	9	8
9	3	6	8	7	1	4	5	2
2	5	8	1	9	7	6	3	4
7	9	4	2	3	6	8	1	5
3	6	1	4	5	8	2	7	9

299 Hard

6	9	8	7	3	4	5	1	2
1	5	7	9	2	6	3	8	4
4	3	2	1	8	5	7	9	6
7	2	5	3	4	9	8	6	1
3	1	4	8	6	7	2	5	9
9	8	6	2	5	1	4	3	7
8	4	3	6	9	2	1	7	5
2	6	1	5	7	3	9	4	8
5	7	9	4	1	8	6	2	3

300 Hard

4	7	1	2	3	5	9	8	6
6	8	5	9	7	4	2	3	1
3	2	9	8	6	1	7	5	4
8	5	2	6	4	9	3	1	7
9	4	3	1	2	7	5	6	8
7	1	6	5	8	3	4	2	9
1	3	4	7	5	8	6	9	2
2	9	7	3	1	6	8	4	5
5	6	8	4	9	2	1	7	3

301 Super Hard

9	6	2	8	3	5	4	7	1
5	3	4	2	7	1	8	6	9
8	7	1	6	4	9	5	3	2
7	1	9	3	8	2	6	5	4
3	2	8	5	6	4	1	9	7
6	4	5	1	9	7	3	2	8
2	8	3	7	1	6	9	4	5
1	9	7	4	5	3	2	8	6
4	5	6	9	2	8	7	1	3

302 Super Hard

5	6	2	3	8	1	7	4	9
9	1	7	5	6	4	8	3	2
4	3	8	7	9	2	5	1	6
3	4	6	8	2	9	1	7	5
8	9	5	1	4	7	6	2	3
7	2	1	6	3	5	9	8	4
6	8	4	9	7	3	2	5	1
1	7	3	2	5	6	4	9	8
2	5	9	4	1	8	3	6	7

303 Super Hard

5	6	9	7	2	1	4	3	8
3	4	2	6	8	9	1	7	5
1	8	7	4	5	3	6	9	2
2	7	1	8	4	6	3	5	9
6	9	5	1	3	2	7	8	4
4	3	8	9	7	5	2	6	1
8	5	6	2	1	7	9	4	3
7	2	3	5	9	4	8	1	6
9	1	4	3	6	8	5	2	7

304 Super Hard

8	2	4	3	1	6	7	5	9
9	5	1	8	4	7	6	3	2
6	7	3	9	2	5	4	8	1
5	1	6	2	9	4	3	7	8
4	8	2	7	3	1	5	9	6
7	3	9	5	6	8	1	2	4
3	4	8	6	7	2	9	1	5
1	9	5	4	8	3	2	6	7
2	6	7	1	5	9	8	4	3

305 Super Hard

2	1	7	5	6	4	8	3	9
6	3	4	1	8	9	5	7	2
9	8	5	7	2	3	1	4	6
8	6	2	3	1	7	4	9	5
5	7	3	9	4	2	6	1	8
1	4	9	6	5	8	7	2	3
3	9	6	8	7	1	2	5	4
7	2	8	4	9	5	3	6	1
4	5	1	2	3	6	9	8	7

306 Super Hard

2	7	1	6	5	4	8	3	9
6	8	3	9	7	2	5	4	1
9	4	5	3	8	1	7	2	6
4	1	8	2	3	5	9	6	7
5	3	9	1	6	7	2	8	4
7	6	2	4	9	8	3	1	5
8	9	4	5	1	3	6	7	2
1	5	7	8	2	6	4	9	3
3	2	6	7	4	9	1	5	8

307 Super Hard

5	1	8	6	4	2	9	7	3
3	9	4	8	5	7	2	1	6
7	6	2	1	9	3	8	5	4
4	8	7	5	3	6	1	9	2
9	2	6	4	8	1	7	3	5
1	3	5	2	7	9	6	4	8
2	5	9	7	6	4	3	8	1
6	4	3	9	1	8	5	2	7
8	7	1	3	2	5	4	6	9

308 Super Hard

1	8	9	7	6	3	5	4	2
2	4	3	1	8	5	9	7	6
5	7	6	9	2	4	1	3	8
4	6	7	3	1	8	2	9	5
9	3	2	5	4	6	8	1	7
8	5	1	2	9	7	3	6	4
3	1	5	4	7	2	6	8	9
7	9	8	6	5	1	4	2	3
6	2	4	8	3	9	7	5	1

309 Super Hard

6	5	8	3	4	2	1	9	7
4	7	3	1	5	9	2	6	8
2	9	1	7	8	6	4	5	3
8	3	2	6	7	1	9	4	5
9	4	6	5	3	8	7	1	2
5	1	7	9	2	4	3	8	6
7	2	9	4	6	5	8	3	1
3	6	4	8	1	7	5	2	9
1	8	5	2	9	3	6	7	4

310 Super Hard

8	1	9	4	2	7	6	5	3
2	4	5	6	3	8	9	1	7
6	3	7	1	9	5	4	2	8
7	2	1	9	8	6	5	3	4
9	5	3	2	4	1	7	8	6
4	6	8	5	7	3	2	9	1
1	9	2	3	6	4	8	7	5
5	7	6	8	1	9	3	4	2
3	8	4	7	5	2	1	6	9

311 Super Hard

8	5	2	7	6	1	3	4	9
4	3	9	5	8	2	1	6	7
6	1	7	3	9	4	2	8	5
3	8	1	6	2	7	9	5	4
5	2	4	8	3	9	6	7	1
7	9	6	4	1	5	8	3	2
9	7	3	1	4	8	5	2	6
2	6	5	9	7	3	4	1	8
1	4	8	2	5	6	7	9	3

312 Super Hard

7	6	4	2	9	3	5	8	1
2	8	3	5	1	4	6	9	7
5	9	1	8	6	7	3	2	4
9	4	2	1	8	6	7	5	3
1	5	7	9	3	2	8	4	6
8	3	6	4	7	5	9	1	2
3	1	5	6	4	9	2	7	8
4	7	9	3	2	8	1	6	5
6	2	8	7	5	1	4	3	9

313 Super Hard

9	3	6	5	2	1	7	4	8
5	2	7	4	6	8	3	1	9
1	4	8	9	7	3	5	6	2
6	9	1	8	3	7	2	5	4
8	5	2	6	1	4	9	3	7
3	7	4	2	9	5	6	8	1
2	1	5	3	4	9	8	7	6
7	8	9	1	5	6	4	2	3
4	6	3	7	8	2	1	9	5

314 Super Hard

1	9	4	5	7	6	2	8	3
3	5	2	8	4	1	6	7	9
8	6	7	2	9	3	4	1	5
7	2	5	4	6	8	9	3	1
4	8	9	1	3	2	7	5	6
6	1	3	9	5	7	8	2	4
5	3	8	6	2	4	1	9	7
2	7	6	3	1	9	5	4	8
9	4	1	7	8	5	3	6	2

315 Super Hard

1	6	9	7	2	5	3	4	8
3	5	7	8	1	4	6	2	9
4	8	2	3	9	6	5	7	1
8	7	6	2	5	1	9	3	4
2	9	1	4	3	8	7	5	6
5	4	3	6	7	9	8	1	2
7	1	4	9	8	3	2	6	5
9	2	5	1	6	7	4	8	3
6	3	8	5	4	2	1	9	7

316 Super Hard

4	3	7	6	2	5	8	1	9
9	2	5	1	8	7	4	6	3
6	8	1	3	9	4	2	7	5
1	4	2	7	6	9	5	3	8
3	9	6	5	1	8	7	4	2
5	7	8	2	4	3	1	9	6
7	5	9	4	3	2	6	8	1
2	1	3	8	7	6	9	5	4
8	6	4	9	5	1	3	2	7

317 Super Hard

5	1	6	4	3	2	9	8	7
8	4	3	7	5	9	1	6	2
7	9	2	8	6	1	4	3	5
1	6	5	9	7	4	8	2	3
9	3	8	2	1	6	7	5	4
2	7	4	3	8	5	6	9	1
4	8	1	5	9	3	2	7	6
6	5	9	1	2	7	3	4	8
3	2	7	6	4	8	5	1	9

318 Super Hard

8	9	1	2	5	4	7	6	3
7	5	4	3	1	6	9	2	8
6	2	3	7	9	8	5	1	4
3	8	6	4	7	9	1	5	2
5	1	2	8	6	3	4	7	9
9	4	7	5	2	1	3	8	6
4	7	9	1	8	2	6	3	5
2	3	5	6	4	7	8	9	1
1	6	8	9	3	5	2	4	7

319 Super Hard

3	7	5	8	1	2	4	9	6
9	6	1	5	4	7	3	2	8
2	4	8	9	3	6	7	1	5
6	5	3	4	2	9	8	7	1
1	9	2	7	5	8	6	3	4
7	8	4	3	6	1	9	5	2
5	3	6	1	7	4	2	8	9
8	2	7	6	9	5	1	4	3
4	1	9	2	8	3	5	6	7

320 Super Hard

9	6	1	2	4	7	8	5	3
7	8	3	6	1	5	4	9	2
5	2	4	8	3	9	6	7	1
1	3	5	9	6	4	2	8	7
4	7	2	3	8	1	9	6	5
8	9	6	7	5	2	3	1	4
3	1	9	5	2	8	7	4	6
2	5	7	4	9	6	1	3	8
6	4	8	1	7	3	5	2	9

321 Super Hard

3	6	5	8	4	9	1	2	7
4	2	8	6	7	1	3	5	9
1	7	9	2	3	5	8	6	4
2	8	4	1	9	3	6	7	5
7	5	3	4	2	6	9	8	1
6	9	1	7	5	8	2	4	3
8	4	6	3	1	7	5	9	2
5	3	7	9	8	2	4	1	6
9	1	2	5	6	4	7	3	8

322 Super Hard

6	3	4	8	7	1	2	9	5
8	1	5	9	6	2	4	3	7
9	2	7	4	3	5	8	1	6
3	7	9	2	1	8	5	6	4
2	4	1	6	5	9	7	8	3
5	8	6	7	4	3	1	2	9
1	6	2	5	9	4	3	7	8
7	5	8	3	2	6	9	4	1
4	9	3	1	8	7	6	5	2

323 Super Hard

2	4	6	1	7	8	3	5	9
1	7	3	5	9	6	2	8	4
9	8	5	2	3	4	1	7	6
8	3	9	7	5	1	4	6	2
6	1	7	3	4	2	8	9	5
4	5	2	8	6	9	7	1	3
3	9	8	6	2	7	5	4	1
7	2	4	9	1	5	6	3	8
5	6	1	4	8	3	9	2	7

324 Super Hard

7	8	4	9	3	1	2	5	6
6	5	9	8	4	2	3	1	7
3	1	2	5	6	7	4	9	8
1	6	5	4	7	8	9	3	2
2	9	7	3	1	6	8	4	5
4	3	8	2	9	5	6	7	1
9	7	1	6	8	4	5	2	3
8	2	3	1	5	9	7	6	4
5	4	6	7	2	3	1	8	9

325 Super Hard

9	7	3	6	4	2	5	8	1
8	4	6	1	5	7	3	2	9
5	1	2	3	8	9	7	6	4
7	5	8	2	9	1	4	3	6
2	3	4	8	6	5	1	9	7
6	9	1	7	3	4	2	5	8
1	8	7	5	2	6	9	4	3
4	6	5	9	7	3	8	1	2
3	2	9	4	1	8	6	7	5

326 Super Hard

8	2	9	6	1	3	5	7	4
1	3	4	8	7	5	2	9	6
7	6	5	2	4	9	8	3	1
2	5	1	3	6	7	4	8	9
9	8	6	1	5	4	3	2	7
3	4	7	9	8	2	6	1	5
6	9	3	4	2	1	7	5	8
5	1	8	7	3	6	9	4	2
4	7	2	5	9	8	1	6	3

327 Super Hard

7	1	8	6	2	5	3	9	4
3	9	6	8	4	1	2	5	7
4	2	5	3	7	9	6	1	8
1	8	9	5	3	2	7	4	6
6	7	3	4	1	8	5	2	9
2	5	4	7	9	6	8	3	1
9	4	7	2	8	3	1	6	5
8	6	2	1	5	4	9	7	3
5	3	1	9	6	7	4	8	2

328 Super Hard

6	8	2	7	1	4	9	5	3
9	7	3	2	8	5	1	4	6
1	5	4	6	9	3	8	2	7
8	9	1	5	2	6	7	3	4
5	2	7	4	3	9	6	8	1
4	3	6	8	7	1	2	9	5
3	4	9	1	6	8	5	7	2
2	1	5	9	4	7	3	6	8
7	6	8	3	5	2	4	1	9

329 Super Hard

5	4	6	8	3	1	9	7	2
2	9	1	4	6	7	8	3	5
7	3	8	5	9	2	6	4	1
4	7	2	6	8	5	3	1	9
1	8	9	7	4	3	2	5	6
3	6	5	2	1	9	4	8	7
8	2	3	1	7	6	5	9	4
9	5	7	3	2	4	1	6	8
6	1	4	9	5	8	7	2	3

330 Super Hard

1	6	8	2	4	5	7	3	9
5	7	3	6	8	9	4	2	1
2	9	4	3	1	7	8	5	6
9	8	1	5	2	4	3	6	7
7	3	2	1	6	8	5	9	4
4	5	6	7	9	3	1	8	2
6	2	5	4	3	1	9	7	8
3	1	9	8	7	2	6	4	5
8	4	7	9	5	6	2	1	3

331 Super Hard

4	7	9	8	6	3	1	5	2
8	5	2	1	9	4	7	6	3
6	3	1	7	5	2	8	4	9
1	9	5	4	2	6	3	8	7
3	4	8	9	7	1	5	2	6
7	2	6	5	3	8	9	1	4
5	6	4	3	8	9	2	7	1
9	1	7	2	4	5	6	3	8
2	8	3	6	1	7	4	9	5

332 Super Hard

4	3	7	2	8	1	9	6	5
2	6	5	4	3	9	1	8	7
1	8	9	7	5	6	3	2	4
8	5	4	1	9	3	2	7	6
6	9	2	5	4	7	8	3	1
7	1	3	6	2	8	5	4	9
5	2	1	3	6	4	7	9	8
9	7	6	8	1	2	4	5	3
3	4	8	9	7	5	6	1	2

333 Super Hard

6	1	4	5	9	7	8	3	2
3	7	2	1	6	8	9	5	4
8	9	5	4	3	2	7	6	1
2	3	8	7	4	6	1	9	5
7	5	9	3	2	1	4	8	6
4	6	1	9	8	5	3	2	7
9	4	7	6	5	3	2	1	8
5	2	3	8	1	4	6	7	9
1	8	6	2	7	9	5	4	3

334 Super Hard

2	7	6	3	8	9	4	5	1
1	8	3	7	5	4	2	6	9
5	4	9	1	6	2	7	3	8
8	5	7	2	3	1	9	4	6
6	3	2	4	9	8	1	7	5
4	9	1	6	7	5	8	2	3
9	6	4	8	2	3	5	1	7
7	1	8	5	4	6	3	9	2
3	2	5	9	1	7	6	8	4

335 Super Hard

2	1	5	8	7	3	4	6	9
3	7	9	5	4	6	1	8	2
4	8	6	1	2	9	5	3	7
9	4	1	6	3	2	8	7	5
7	3	8	9	5	4	6	2	1
5	6	2	7	8	1	3	9	4
8	9	4	2	6	5	7	1	3
1	5	7	3	9	8	2	4	6
6	2	3	4	1	7	9	5	8

336 Super Hard

4	6	5	3	7	1	9	2	8
8	1	9	5	2	6	3	4	7
7	3	2	4	8	9	1	5	6
2	4	3	6	1	5	7	8	9
9	8	1	7	4	3	5	6	2
5	7	6	8	9	2	4	3	1
1	9	4	2	5	8	6	7	3
3	5	8	1	6	7	2	9	4
6	2	7	9	3	4	8	1	5

337 Super Hard

6	3	7	5	2	4	1	9	8
4	5	2	8	9	1	7	3	6
9	8	1	3	6	7	4	2	5
8	1	3	4	5	2	9	6	7
2	6	5	1	7	9	3	8	4
7	4	9	6	3	8	2	5	1
5	2	4	9	1	6	8	7	3
3	9	8	7	4	5	6	1	2
1	7	6	2	8	3	5	4	9

338 Super Hard

4	3	7	2	9	8	1	6	5
8	2	6	4	5	1	9	3	7
5	9	1	7	6	3	2	4	8
3	6	8	1	4	9	5	7	2
2	4	5	6	8	7	3	9	1
1	7	9	5	3	2	4	8	6
9	1	2	3	7	6	8	5	4
6	5	3	8	2	4	7	1	9
7	8	4	9	1	5	6	2	3

339 Super Hard

2	1	4	3	5	6	9	7	8
3	9	8	7	1	4	2	5	6
7	5	6	9	2	8	4	1	3
9	8	7	6	4	1	5	3	2
5	6	3	2	8	9	1	4	7
1	4	2	5	7	3	8	6	9
6	2	1	4	9	7	3	8	5
8	7	9	1	3	5	6	2	4
4	3	5	8	6	2	7	9	1

340 Super Hard

4	7	6	8	2	1	3	9	5
2	9	8	5	3	7	4	6	1
5	3	1	9	4	6	2	7	8
8	5	3	1	7	2	6	4	9
1	6	4	3	9	5	7	8	2
9	2	7	4	6	8	5	1	3
3	4	2	7	8	9	1	5	6
6	1	9	2	5	4	8	3	7
7	8	5	6	1	3	9	2	4

341 Super Hard

3	2	7	6	1	4	8	9	5
9	6	5	7	8	2	1	3	4
4	8	1	3	5	9	6	7	2
6	1	3	4	2	5	7	8	9
5	9	8	1	6	7	4	2	3
2	7	4	8	9	3	5	6	1
8	5	2	9	7	1	3	4	6
1	4	6	2	3	8	9	5	7
7	3	9	5	4	6	2	1	8

342 Super Hard

6	8	1	9	4	5	3	2	7
5	4	2	6	3	7	1	8	9
7	9	3	1	2	8	4	6	5
1	2	5	4	7	9	6	3	8
8	7	9	3	6	2	5	1	4
3	6	4	8	5	1	7	9	2
4	3	7	2	9	6	8	5	1
9	5	8	7	1	3	2	4	6
2	1	6	5	8	4	9	7	3

343 Super Hard

2	6	1	8	3	7	9	4	5
3	7	5	1	9	4	2	6	8
9	4	8	6	2	5	1	7	3
4	2	6	5	8	3	7	1	9
7	5	3	9	1	2	4	8	6
1	8	9	4	7	6	5	3	2
5	3	2	7	4	8	6	9	1
8	9	7	2	6	1	3	5	4
6	1	4	3	5	9	8	2	7

344 Super Hard

6	2	8	9	3	4	1	7	5
7	5	4	2	6	1	8	9	3
3	9	1	8	5	7	4	2	6
2	4	3	1	7	9	6	5	8
8	1	7	5	2	6	9	3	4
5	6	9	3	4	8	7	1	2
4	8	5	7	1	2	3	6	9
1	3	6	4	9	5	2	8	7
9	7	2	6	8	3	5	4	1

345 Super Hard

2	3	1	6	9	5	7	8	4
8	5	4	1	2	7	3	6	9
6	7	9	8	4	3	5	2	1
9	2	7	4	1	8	6	3	5
4	6	8	3	5	9	1	7	2
5	1	3	7	6	2	4	9	8
7	4	5	2	8	6	9	1	3
1	8	6	9	3	4	2	5	7
3	9	2	5	7	1	8	4	6

346 Super Hard

6	2	8	1	5	7	4	3	9
7	4	5	6	3	9	8	1	2
9	3	1	2	4	8	5	7	6
2	9	3	8	7	6	1	5	4
8	5	4	9	1	3	2	6	7
1	7	6	4	2	5	3	9	8
3	6	9	5	8	2	7	4	1
5	1	2	7	9	4	6	8	3
4	8	7	3	6	1	9	2	5

347 Super Hard

3	7	5	1	4	8	9	2	6
4	2	1	5	9	6	3	7	8
6	9	8	2	7	3	5	4	1
2	1	9	4	6	5	7	8	3
8	5	3	7	2	9	1	6	4
7	4	6	3	8	1	2	9	5
1	8	7	6	5	2	4	3	9
9	3	2	8	1	4	6	5	7
5	6	4	9	3	7	8	1	2

348 Super Hard

6	1	4	7	2	5	3	9	8
2	5	9	8	3	6	1	4	7
3	7	8	4	1	9	5	6	2
4	8	1	6	7	2	9	3	5
7	9	6	5	8	3	2	1	4
5	3	2	1	9	4	8	7	6
1	2	7	3	6	8	4	5	9
8	4	3	9	5	7	6	2	1
9	6	5	2	4	1	7	8	3

349 Super Hard

6	5	8	3	4	2	9	7	1
7	9	4	6	1	8	2	3	5
2	3	1	7	5	9	8	4	6
4	8	5	1	9	7	6	2	3
1	2	7	5	3	6	4	9	8
9	6	3	2	8	4	5	1	7
5	4	9	8	7	3	1	6	2
3	1	2	9	6	5	7	8	4
8	7	6	4	2	1	3	5	9

350 Super Hard

4	6	5	9	2	7	3	8	1
1	2	3	8	6	5	7	4	9
8	7	9	4	3	1	6	5	2
9	5	4	7	1	2	8	6	3
6	1	8	5	9	3	4	2	7
2	3	7	6	8	4	9	1	5
3	9	2	1	4	6	5	7	8
5	8	6	2	7	9	1	3	4
7	4	1	3	5	8	2	9	6

351 Super Hard

9	8	2	4	7	5	1	3	6
7	1	6	3	9	8	5	4	2
3	5	4	1	6	2	8	7	9
5	7	3	6	1	4	2	9	8
4	6	8	2	5	9	3	1	7
1	2	9	7	8	3	6	5	4
6	9	5	8	4	1	7	2	3
2	4	7	5	3	6	9	8	1
8	3	1	9	2	7	4	6	5

352 Super Hard

1	4	7	8	9	5	3	2	6
9	6	2	3	7	4	1	5	8
8	3	5	1	6	2	7	4	9
3	8	6	4	2	1	9	7	5
5	2	1	9	8	7	6	3	4
7	9	4	5	3	6	8	1	2
2	5	8	6	1	3	4	9	7
4	1	9	7	5	8	2	6	3
6	7	3	2	4	9	5	8	1

353 Super Hard

2	9	1	4	7	8	3	5	6
6	8	3	1	5	9	2	7	4
7	5	4	3	6	2	1	9	8
3	6	9	2	4	7	8	1	5
8	2	7	9	1	5	6	4	3
1	4	5	6	8	3	9	2	7
5	3	2	7	9	6	4	8	1
9	1	8	5	3	4	7	6	2
4	7	6	8	2	1	5	3	9

354 Super Hard

4	8	9	1	3	2	7	5	6
2	3	6	9	7	5	8	1	4
5	7	1	8	4	6	9	2	3
8	9	4	6	5	7	1	3	2
6	1	3	4	2	9	5	7	8
7	2	5	3	1	8	6	4	9
9	5	7	2	8	4	3	6	1
1	6	2	7	9	3	4	8	5
3	4	8	5	6	1	2	9	7

355 Super Hard

2	9	6	1	7	5	3	8	4
5	8	4	3	9	2	7	6	1
7	3	1	6	8	4	9	2	5
8	1	3	9	6	7	5	4	2
9	7	2	5	4	1	8	3	6
6	4	5	2	3	8	1	7	9
1	6	9	7	2	3	4	5	8
3	2	8	4	5	9	6	1	7
4	5	7	8	1	6	2	9	3

356 Super Hard

9	8	2	5	7	3	6	1	4
7	3	4	8	1	6	9	5	2
1	5	6	4	2	9	3	8	7
4	9	5	1	6	2	8	7	3
2	1	8	7	3	4	5	9	6
3	6	7	9	8	5	4	2	1
8	2	9	3	4	1	7	6	5
5	4	1	6	9	7	2	3	8
6	7	3	2	5	8	1	4	9

357 Super Hard

9	4	2	1	8	5	6	3	7
7	6	1	9	3	2	4	5	8
3	5	8	6	7	4	2	9	1
4	3	9	8	5	7	1	2	6
5	8	6	2	9	1	3	7	4
2	1	7	3	4	6	5	8	9
8	9	4	5	6	3	7	1	2
1	7	3	4	2	9	8	6	5
6	2	5	7	1	8	9	4	3

358 Super Hard

1	7	9	6	8	5	4	2	3
3	2	4	7	9	1	6	8	5
6	5	8	4	3	2	9	1	7
8	3	2	5	7	9	1	4	6
9	6	7	1	4	3	2	5	8
5	4	1	8	2	6	7	3	9
2	1	3	9	5	7	8	6	4
7	8	6	3	1	4	5	9	2
4	9	5	2	6	8	3	7	1

359 Super Hard

7	4	3	1	2	8	5	6	9
1	5	8	9	4	6	2	7	3
6	2	9	5	7	3	8	4	1
9	3	6	2	1	4	7	5	8
4	8	5	7	6	9	3	1	2
2	1	7	3	8	5	4	9	6
8	7	4	6	3	1	9	2	5
5	6	2	8	9	7	1	3	4
3	9	1	4	5	2	6	8	7

360 Super Hard

9	6	8	7	2	5	3	1	4
4	3	2	6	8	1	9	7	5
7	1	5	3	9	4	8	2	6
1	5	7	9	6	3	2	4	8
3	8	9	1	4	2	6	5	7
6	2	4	5	7	8	1	9	3
5	4	3	8	1	9	7	6	2
8	7	1	2	5	6	4	3	9
2	9	6	4	3	7	5	8	1

361 Super Hard

4	6	5	9	7	1	3	2	8
2	8	1	3	5	6	7	4	9
3	9	7	2	8	4	5	1	6
8	3	4	7	6	2	9	5	1
7	1	2	5	4	9	6	8	3
6	5	9	1	3	8	4	7	2
5	7	6	8	2	3	1	9	4
1	2	3	4	9	5	8	6	7
9	4	8	6	1	7	2	3	5

362 Super Hard

7	5	4	3	8	9	2	6	1
1	2	8	4	5	6	3	7	9
6	3	9	7	1	2	5	8	4
3	1	5	6	2	8	9	4	7
4	9	7	5	3	1	8	2	6
2	8	6	9	4	7	1	3	5
9	4	1	2	6	3	7	5	8
8	6	3	1	7	5	4	9	2
5	7	2	8	9	4	6	1	3

363 Super Hard

1	4	2	3	8	9	7	6	5
8	6	3	4	5	7	2	9	1
7	9	5	6	1	2	8	4	3
3	7	8	9	2	6	1	5	4
6	2	1	5	7	4	9	3	8
4	5	9	8	3	1	6	7	2
2	1	6	7	4	3	5	8	9
5	3	7	1	9	8	4	2	6
9	8	4	2	6	5	3	1	7

364 Super Hard

5	1	2	7	3	4	8	9	6
8	6	4	1	5	9	3	7	2
9	3	7	6	8	2	1	5	4
3	8	1	2	9	5	4	6	7
6	2	9	8	4	7	5	1	3
7	4	5	3	6	1	2	8	9
1	9	8	4	7	3	6	2	5
4	5	6	9	2	8	7	3	1
2	7	3	5	1	6	9	4	8

365 Super Hard

9	5	6	1	8	7	4	3	2
3	2	1	6	4	9	5	7	8
8	4	7	5	2	3	1	9	6
4	1	3	2	9	6	7	8	5
7	9	2	4	5	8	3	6	1
6	8	5	7	3	1	9	2	4
2	6	9	3	1	5	8	4	7
1	3	4	8	7	2	6	5	9
5	7	8	9	6	4	2	1	3

366 Super Hard

4	9	5	3	6	1	8	2	7
1	7	6	2	8	5	4	9	3
3	8	2	9	7	4	6	1	5
7	2	9	4	3	6	5	8	1
8	5	4	1	2	7	3	6	9
6	1	3	8	5	9	2	7	4
5	6	8	7	1	3	9	4	2
9	3	7	6	4	2	1	5	8
2	4	1	5	9	8	7	3	6

367 Super Hard

6	5	2	7	9	3	8	4	1
9	8	1	2	6	4	3	5	7
7	4	3	5	8	1	2	6	9
3	1	4	8	7	5	9	2	6
8	2	9	4	1	6	5	7	3
5	6	7	9	3	2	1	8	4
2	3	8	6	4	9	7	1	5
1	7	6	3	5	8	4	9	2
4	9	5	1	2	7	6	3	8

368 Super Hard

3	7	2	5	9	4	6	1	8
8	6	1	3	7	2	4	5	9
5	9	4	6	8	1	7	3	2
6	1	8	4	5	3	9	2	7
4	5	7	9	2	8	1	6	3
9	2	3	7	1	6	5	8	4
2	4	6	1	3	7	8	9	5
7	8	9	2	6	5	3	4	1
1	3	5	8	4	9	2	7	6

369 Super Hard

7	3	2	9	5	8	4	1	6
6	9	1	3	7	4	2	8	5
5	8	4	6	2	1	9	3	7
4	2	5	1	3	6	7	9	8
3	6	9	8	4	7	1	5	2
8	1	7	2	9	5	6	4	3
2	7	8	5	1	9	3	6	4
1	4	6	7	8	3	5	2	9
9	5	3	4	6	2	8	7	1

370 Super Hard

7	6	9	4	8	1	3	5	2
1	5	8	3	9	2	7	6	4
4	2	3	6	5	7	8	9	1
9	1	2	7	4	8	5	3	6
6	7	5	2	1	3	9	4	8
8	3	4	9	6	5	2	1	7
2	9	1	5	7	4	6	8	3
5	8	7	1	3	6	4	2	9
3	4	6	8	2	9	1	7	5

371 Super Hard

3	6	5	1	4	2	7	8	9
4	7	1	3	9	8	2	5	6
8	2	9	6	5	7	1	3	4
2	9	3	7	6	5	4	1	8
5	1	4	8	3	9	6	7	2
6	8	7	4	2	1	3	9	5
9	5	6	2	7	3	8	4	1
1	3	2	5	8	4	9	6	7
7	4	8	9	1	6	5	2	3

372 Super Hard

7	6	1	5	9	4	3	8	2
3	9	4	2	8	1	5	6	7
2	5	8	7	3	6	4	9	1
4	8	6	3	1	2	9	7	5
5	1	2	8	7	9	6	4	3
9	7	3	4	6	5	2	1	8
6	3	9	1	5	7	8	2	4
1	2	5	6	4	8	7	3	9
8	4	7	9	2	3	1	5	6

373 Super Hard

2	7	1	5	8	9	3	6	4
6	8	4	7	1	3	9	2	5
5	9	3	2	4	6	8	7	1
4	6	8	9	2	1	5	3	7
1	2	7	8	3	5	4	9	6
3	5	9	6	7	4	2	1	8
9	3	5	4	6	7	1	8	2
7	4	2	1	9	8	6	5	3
8	1	6	3	5	2	7	4	9

374 Super Hard

3	9	2	7	4	1	5	8	6
4	1	5	3	6	8	7	2	9
6	8	7	2	5	9	3	4	1
1	7	3	5	9	2	4	6	8
5	4	9	8	7	6	2	1	3
2	6	8	4	1	3	9	7	5
8	2	6	9	3	7	1	5	4
9	5	1	6	2	4	8	3	7
7	3	4	1	8	5	6	9	2

375 Super Hard

3	2	6	9	4	8	5	1	7
5	9	8	2	7	1	3	4	6
4	1	7	6	5	3	8	9	2
9	3	1	7	6	4	2	8	5
2	6	4	1	8	5	9	7	3
7	8	5	3	9	2	1	6	4
1	4	3	8	2	7	6	5	9
6	7	2	5	1	9	4	3	8
8	5	9	4	3	6	7	2	1

376 Super Hard

7	6	1	4	5	3	9	8	2
4	5	8	2	9	7	6	3	1
9	2	3	8	6	1	4	5	7
3	4	9	1	2	5	7	6	8
1	8	5	7	4	6	3	2	9
6	7	2	3	8	9	1	4	5
2	1	6	5	7	4	8	9	3
5	3	4	9	1	8	2	7	6
8	9	7	6	3	2	5	1	4

377 Super Hard

8	6	4	7	5	9	2	1	3
3	7	1	6	2	8	9	5	4
9	2	5	3	1	4	7	8	6
4	1	8	9	6	5	3	7	2
6	5	7	8	3	2	1	4	9
2	9	3	4	7	1	8	6	5
5	4	2	1	9	7	6	3	8
7	3	9	5	8	6	4	2	1
1	8	6	2	4	3	5	9	7

378 Super Hard

3	5	9	7	1	8	4	6	2
8	2	6	9	5	4	7	1	3
7	4	1	3	6	2	8	9	5
5	3	4	2	9	1	6	8	7
6	1	8	4	7	3	2	5	9
9	7	2	6	8	5	1	3	4
2	6	3	8	4	9	5	7	1
1	9	7	5	2	6	3	4	8
4	8	5	1	3	7	9	2	6

379 Super Hard

2	3	4	6	9	7	5	8	1
1	6	7	5	3	8	2	4	9
5	9	8	4	2	1	3	6	7
3	1	6	7	8	4	9	5	2
7	5	9	1	6	2	4	3	8
4	8	2	9	5	3	7	1	6
9	7	3	8	4	6	1	2	5
8	2	5	3	1	9	6	7	4
6	4	1	2	7	5	8	9	3

380 Super Hard

2	8	1	6	5	4	3	7	9
4	5	9	8	7	3	2	1	6
7	3	6	9	1	2	4	8	5
8	9	4	7	3	6	5	2	1
3	1	7	5	2	8	6	9	4
5	6	2	1	4	9	7	3	8
6	4	8	2	9	7	1	5	3
9	2	5	3	6	1	8	4	7
1	7	3	4	8	5	9	6	2

381 Super Hard

5	8	6	4	9	2	3	7	1
2	1	3	5	7	6	8	9	4
4	7	9	8	3	1	6	5	2
7	6	8	9	1	5	4	2	3
3	5	2	7	6	4	9	1	8
1	9	4	3	2	8	7	6	5
6	3	5	1	8	7	2	4	9
9	2	1	6	4	3	5	8	7
8	4	7	2	5	9	1	3	6

382 Super Hard

4	9	7	6	3	5	8	2	1
5	3	1	7	2	8	4	6	9
6	2	8	1	9	4	7	3	5
3	6	4	8	5	1	2	9	7
1	8	5	9	7	2	6	4	3
9	7	2	3	4	6	1	5	8
7	4	9	2	1	3	5	8	6
2	1	6	5	8	9	3	7	4
8	5	3	4	6	7	9	1	2

383 Super Hard

6	1	2	9	8	3	7	5	4
5	7	3	2	4	1	8	6	9
4	8	9	7	6	5	3	1	2
7	6	5	1	3	2	4	9	8
3	9	1	4	7	8	5	2	6
2	4	8	5	9	6	1	3	7
1	2	6	8	5	4	9	7	3
9	5	4	3	2	7	6	8	1
8	3	7	6	1	9	2	4	5

384 Super Hard

2	4	7	9	3	5	8	6	1
6	3	8	1	4	2	9	7	5
9	5	1	8	6	7	4	2	3
7	9	6	5	8	3	2	1	4
4	8	3	6	2	1	7	5	9
5	1	2	7	9	4	3	8	6
8	6	5	4	7	9	1	3	2
1	2	9	3	5	8	6	4	7
3	7	4	2	1	6	5	9	8

385 Super Hard

2	4	6	9	7	8	3	1	5
7	3	5	6	1	4	2	8	9
8	9	1	3	5	2	7	4	6
6	8	4	7	2	3	5	9	1
1	2	9	5	8	6	4	3	7
5	7	3	1	4	9	8	6	2
4	5	2	8	6	1	9	7	3
9	6	8	2	3	7	1	5	4
3	1	7	4	9	5	6	2	8

386 Super Hard

3	7	5	2	8	1	6	9	4
6	8	4	3	5	9	1	2	7
1	9	2	6	4	7	5	3	8
8	5	6	7	9	2	3	4	1
2	4	1	8	3	6	9	7	5
7	3	9	5	1	4	8	6	2
5	6	8	4	2	3	7	1	9
4	1	7	9	6	8	2	5	3
9	2	3	1	7	5	4	8	6

387 Super Hard

2	9	1	6	3	7	4	8	5
8	7	5	9	4	1	3	6	2
4	3	6	5	2	8	1	9	7
6	5	2	3	8	4	9	7	1
9	4	7	1	5	2	8	3	6
1	8	3	7	9	6	2	5	4
3	6	8	2	1	5	7	4	9
7	1	9	4	6	3	5	2	8
5	2	4	8	7	9	6	1	3

388 Super Hard

6	9	5	1	3	8	2	4	7
1	2	7	5	4	6	9	8	3
3	4	8	7	2	9	1	5	6
2	7	6	9	5	4	8	3	1
4	8	9	3	1	7	6	2	5
5	1	3	8	6	2	7	9	4
7	5	2	4	9	1	3	6	8
9	3	1	6	8	5	4	7	2
8	6	4	2	7	3	5	1	9

389 Super Hard

1	9	4	3	6	8	2	7	5
3	2	7	9	4	5	1	8	6
5	8	6	1	7	2	3	9	4
7	1	2	6	5	3	8	4	9
4	6	8	2	9	7	5	1	3
9	3	5	4	8	1	6	2	7
2	4	9	8	3	6	7	5	1
6	7	1	5	2	9	4	3	8
8	5	3	7	1	4	9	6	2

390 Super Hard

9	3	7	6	1	5	2	8	4
4	1	2	7	8	9	5	3	6
6	5	8	4	3	2	7	1	9
7	8	4	3	6	1	9	5	2
2	6	3	5	9	7	8	4	1
5	9	1	8	2	4	6	7	3
1	7	5	9	4	6	3	2	8
8	4	6	2	5	3	1	9	7
3	2	9	1	7	8	4	6	5

391 Super Hard

7	6	8	1	9	5	4	3	2
9	5	2	8	3	4	1	6	7
1	4	3	6	2	7	8	5	9
2	3	1	5	4	6	9	7	8
8	9	6	2	7	1	5	4	3
4	7	5	9	8	3	6	2	1
5	1	7	3	6	9	2	8	4
3	8	9	4	5	2	7	1	6
6	2	4	7	1	8	3	9	5

392 Super Hard

4	9	8	2	1	7	5	6	3
3	1	7	5	9	6	4	8	2
6	5	2	4	8	3	7	1	9
5	6	3	9	7	8	2	4	1
9	7	1	3	4	2	6	5	8
2	8	4	1	6	5	9	3	7
1	2	5	6	3	9	8	7	4
7	4	9	8	5	1	3	2	6
8	3	6	7	2	4	1	9	5

393 Super Hard

2	4	7	9	5	1	8	3	6
8	3	9	7	2	6	1	4	5
1	5	6	4	3	8	7	9	2
7	2	5	8	9	3	6	1	4
6	9	3	1	7	4	5	2	8
4	1	8	5	6	2	3	7	9
5	7	2	6	1	9	4	8	3
3	8	1	2	4	5	9	6	7
9	6	4	3	8	7	2	5	1

394 Super Hard

3	9	4	6	5	1	8	7	2
2	5	8	4	7	9	6	1	3
7	6	1	3	2	8	9	4	5
8	4	9	1	3	5	2	6	7
5	1	2	7	8	6	4	3	9
6	3	7	9	4	2	5	8	1
1	7	5	2	6	4	3	9	8
4	8	3	5	9	7	1	2	6
9	2	6	8	1	3	7	5	4

395 Super Hard

9	4	3	7	5	2	1	8	6
1	6	2	3	4	8	5	7	9
8	7	5	9	6	1	3	2	4
2	5	7	6	9	4	8	1	3
3	1	6	8	7	5	4	9	2
4	8	9	2	1	3	7	6	5
7	9	4	5	8	6	2	3	1
6	2	1	4	3	7	9	5	8
5	3	8	1	2	9	6	4	7

396 Super Hard

5	8	4	9	6	7	3	1	2
9	2	7	3	8	1	6	5	4
1	3	6	2	5	4	8	7	9
3	7	2	5	1	9	4	6	8
6	4	5	8	7	3	9	2	1
8	9	1	4	2	6	5	3	7
4	1	3	6	9	2	7	8	5
2	6	8	7	4	5	1	9	3
7	5	9	1	3	8	2	4	6

397 Super Hard

5	4	9	6	2	3	7	1	8
6	3	1	5	7	8	4	9	2
8	2	7	4	1	9	3	6	5
7	6	8	3	5	2	1	4	9
4	9	5	7	8	1	6	2	3
3	1	2	9	4	6	8	5	7
1	5	4	2	3	7	9	8	6
2	7	6	8	9	4	5	3	1
9	8	3	1	6	5	2	7	4

398 Super Hard

6	1	7	8	5	4	9	2	3
3	8	5	2	1	9	7	6	4
4	9	2	3	6	7	1	5	8
7	3	8	5	4	6	2	9	1
5	6	9	1	8	2	4	3	7
2	4	1	7	9	3	6	8	5
9	5	6	4	3	1	8	7	2
1	7	3	6	2	8	5	4	9
8	2	4	9	7	5	3	1	6

399 Super Hard

9	2	5	1	4	6	8	3	7
7	8	4	5	3	9	6	1	2
3	6	1	8	7	2	4	5	9
5	9	7	3	2	8	1	4	6
1	3	6	7	5	4	9	2	8
8	4	2	9	6	1	5	7	3
2	7	9	6	1	5	3	8	4
6	5	3	4	8	7	2	9	1
4	1	8	2	9	3	7	6	5

400 Super Hard

3	8	5	2	1	6	7	9	4
6	7	1	9	3	4	8	2	5
9	2	4	8	5	7	3	1	6
5	4	9	7	2	1	6	8	3
2	1	7	3	6	8	5	4	9
8	3	6	4	9	5	2	7	1
4	9	2	6	7	3	1	5	8
1	6	8	5	4	2	9	3	7
7	5	3	1	8	9	4	6	2

401 Super Hard

5	9	3	4	8	7	1	2	6
8	6	2	1	5	9	4	7	3
4	7	1	6	3	2	5	8	9
2	1	7	9	4	6	3	5	8
9	5	8	2	1	3	7	6	4
6	3	4	5	7	8	2	9	1
7	8	9	3	2	1	6	4	5
1	4	6	7	9	5	8	3	2
3	2	5	8	6	4	9	1	7

402 Super Hard

4	3	5	7	9	2	6	8	1
9	2	8	1	4	6	5	7	3
1	6	7	3	8	5	2	4	9
8	1	3	6	5	7	4	9	2
2	9	6	8	1	4	7	3	5
7	5	4	2	3	9	8	1	6
6	8	1	5	7	3	9	2	4
3	4	2	9	6	8	1	5	7
5	7	9	4	2	1	3	6	8

403 Super Hard

7	4	5	6	9	1	2	3	8
9	3	6	7	2	8	1	5	4
8	1	2	4	5	3	7	6	9
5	9	8	1	3	7	4	2	6
4	7	3	2	8	6	9	1	5
2	6	1	5	4	9	3	8	7
3	5	4	9	6	2	8	7	1
6	2	7	8	1	4	5	9	3
1	8	9	3	7	5	6	4	2

404 Super Hard

3	1	9	8	4	7	2	6	5
2	5	7	9	1	6	4	3	8
4	8	6	5	2	3	9	1	7
1	9	4	3	8	2	7	5	6
8	6	2	7	5	4	1	9	3
7	3	5	1	6	9	8	4	2
6	7	3	2	9	1	5	8	4
9	4	8	6	7	5	3	2	1
5	2	1	4	3	8	6	7	9

405 Super Hard

6	5	4	7	2	1	9	3	8
2	7	8	3	9	5	1	6	4
3	9	1	4	8	6	5	2	7
1	2	3	5	7	8	6	4	9
7	4	6	2	1	9	3	8	5
9	8	5	6	4	3	7	1	2
5	6	2	8	3	7	4	9	1
8	3	9	1	5	4	2	7	6
4	1	7	9	6	2	8	5	3

406 Super Hard

1	4	9	3	5	8	2	6	7
6	5	2	9	7	4	1	3	8
8	3	7	2	6	1	5	9	4
9	6	5	7	1	3	8	4	2
7	2	1	4	8	9	3	5	6
4	8	3	6	2	5	9	7	1
3	7	8	5	4	2	6	1	9
2	9	6	1	3	7	4	8	5
5	1	4	8	9	6	7	2	3

407 Super Hard

3	5	1	8	2	9	7	6	4
9	2	8	4	7	6	5	1	3
7	6	4	5	1	3	2	8	9
6	9	5	3	8	4	1	7	2
8	3	7	2	6	1	9	4	5
4	1	2	7	9	5	6	3	8
2	8	3	1	5	7	4	9	6
1	4	6	9	3	2	8	5	7
5	7	9	6	4	8	3	2	1

408 Super Hard

9	7	8	1	3	4	5	2	6
5	1	6	2	9	7	8	3	4
2	3	4	6	8	5	1	9	7
8	5	1	9	4	6	3	7	2
7	4	3	5	2	1	6	8	9
6	2	9	3	7	8	4	5	1
3	6	2	4	5	9	7	1	8
4	9	7	8	1	3	2	6	5
1	8	5	7	6	2	9	4	3

409 Super Hard

1	2	5	7	4	6	8	9	3
9	8	3	1	2	5	6	7	4
4	7	6	3	9	8	5	1	2
5	1	4	9	6	3	2	8	7
2	6	9	5	8	7	4	3	1
7	3	8	4	1	2	9	6	5
8	5	1	2	3	9	7	4	6
3	9	2	6	7	4	1	5	8
6	4	7	8	5	1	3	2	9

410 Super Hard

5	9	8	7	4	2	1	3	6
6	4	7	1	3	5	2	9	8
3	2	1	8	6	9	5	7	4
9	1	6	5	2	4	3	8	7
7	3	5	6	8	1	4	2	9
4	8	2	9	7	3	6	1	5
1	6	3	4	9	7	8	5	2
2	7	4	3	5	8	9	6	1
8	5	9	2	1	6	7	4	3

411 Super Hard

7	8	3	5	6	1	2	9	4
1	9	4	8	2	3	6	7	5
5	2	6	7	9	4	1	8	3
8	5	2	3	1	9	7	4	6
6	3	7	4	8	5	9	1	2
9	4	1	6	7	2	3	5	8
2	6	5	9	4	7	8	3	1
3	7	8	1	5	6	4	2	9
4	1	9	2	3	8	5	6	7

412 Super Hard

5	9	1	2	6	3	4	8	7
8	3	4	5	9	7	1	2	6
7	2	6	8	1	4	5	3	9
4	7	5	6	8	9	3	1	2
3	1	9	7	4	2	8	6	5
6	8	2	1	3	5	7	9	4
2	4	8	3	5	6	9	7	1
1	5	7	9	2	8	6	4	3
9	6	3	4	7	1	2	5	8

413 Super Hard

9	5	2	6	4	1	7	3	8
7	6	4	8	2	3	5	1	9
8	3	1	9	7	5	4	6	2
2	9	5	7	3	8	6	4	1
3	1	7	4	6	9	8	2	5
4	8	6	1	5	2	3	9	7
6	2	9	5	8	4	1	7	3
1	4	8	3	9	7	2	5	6
5	7	3	2	1	6	9	8	4

414 Super Hard

4	7	9	3	2	1	6	5	8
3	5	1	8	9	6	4	7	2
2	6	8	7	5	4	1	9	3
1	8	2	6	7	9	5	3	4
5	3	4	1	8	2	7	6	9
6	9	7	4	3	5	8	2	1
8	4	5	2	6	3	9	1	7
7	2	6	9	1	8	3	4	5
9	1	3	5	4	7	2	8	6

415 Super Hard

3	8	6	2	7	9	1	4	5
4	2	7	1	3	5	8	6	9
9	1	5	4	6	8	3	7	2
1	5	2	9	4	6	7	8	3
8	7	4	5	2	3	9	1	6
6	9	3	7	8	1	5	2	4
7	3	1	6	5	4	2	9	8
2	4	8	3	9	7	6	5	1
5	6	9	8	1	2	4	3	7

416 Super Hard

7	9	2	1	3	6	8	5	4
4	8	5	9	7	2	1	6	3
1	6	3	5	4	8	2	9	7
2	1	4	3	5	7	9	8	6
5	3	9	8	6	1	4	7	2
8	7	6	2	9	4	5	3	1
3	2	8	7	1	9	6	4	5
6	5	1	4	8	3	7	2	9
9	4	7	6	2	5	3	1	8

417 Super Hard

6	8	9	4	7	3	2	5	1
1	7	2	6	9	5	8	4	3
5	4	3	8	2	1	7	9	6
8	1	6	5	4	7	9	3	2
9	2	4	3	1	8	5	6	7
3	5	7	9	6	2	4	1	8
2	9	1	7	3	4	6	8	5
7	6	5	1	8	9	3	2	4
4	3	8	2	5	6	1	7	9

418 Super Hard

9	1	4	6	8	5	7	2	3
3	7	5	4	1	2	8	6	9
2	8	6	3	9	7	5	1	4
1	9	2	7	4	6	3	8	5
7	5	8	9	2	3	1	4	6
6	4	3	1	5	8	2	9	7
4	2	9	5	7	1	6	3	8
5	3	1	8	6	4	9	7	2
8	6	7	2	3	9	4	5	1

419 Super Hard

8	4	6	3	5	1	7	2	9
5	2	9	7	6	4	3	8	1
3	1	7	9	2	8	4	6	5
6	7	2	5	4	3	9	1	8
4	5	8	1	7	9	2	3	6
9	3	1	6	8	2	5	4	7
2	6	4	8	9	5	1	7	3
1	8	5	4	3	7	6	9	2
7	9	3	2	1	6	8	5	4

420 Super Hard

5	3	2	6	1	8	7	4	9
1	4	6	5	9	7	8	2	3
7	9	8	3	4	2	5	6	1
3	6	1	7	5	4	2	9	8
8	2	9	1	6	3	4	5	7
4	5	7	8	2	9	3	1	6
6	8	4	2	7	1	9	3	5
9	1	3	4	8	5	6	7	2
2	7	5	9	3	6	1	8	4

www.ingramcontent.com/pod-product-compliance
Lightning Source LLC
Chambersburg PA
CBHW062219220526
45471CB00009B/3267
9781986650816